U0175479

青少年网络素养读本·第2辑  罗以澄 主编

网络强国与国际竞争力

WANGLUO QIANGGUO YU GUOJI JINGZHENGLI

祝兴平 著

宁波出版社
NINGBO PUBLISHING HOUSE

《青少年网络素养读本·第2辑》编委会

主　　编　罗以澄

副 主 编　陈　刚

编委会成员（按姓氏笔画排序）

王继周　吴玉兰　岑孟棒

陈　刚　罗以澄　祝兴平

姚劲松　袁志坚　谢湖伟

总 序

互联网技术的快速发展和广泛运用为我们搭建了一个丰富多彩的网络世界,并深刻改变了现实社会。当今,网络媒介如空气一般存在于我们周围,不仅影响和左右着人们的思维方式与社会习性,还影响和左右着人际关系的建构与维护。作为一出生就与网络媒介有着亲密接触的一代,青少年自然是网络化生活的主体。中国互联网络信息中心发布的第47次《中国互联网络发展状况统计报告》显示,我国网民以10—39岁的群体为主,他们占整体网民的51.8%,其中,10—19岁占13.5%,20—29岁占17.8%,30—39岁占20.5%。可以说,青少年是网络媒介最主要的使用者和消费者,也是最易受网络媒介影响的群体。

人类社会的发展离不开一代又一代新技术的创造,而人类又时常为这些新技术及其衍生物所改变。如果不能正确对待和科学使用这些新技术及其衍生物,势必受其负面影响,产生不良后果。尤其是青少年,受年龄、阅历和认知能力、判断能力等方面局限,若得不到有效的指导和引导,容易在新技术及其衍生物面前迷失自我,迷失前行的方向。君不见,在传播技术加速迭代的趋势下，海量信息的传播环境中，一些青少年识别不了信息传播中的真与假、美与丑、善与恶，以致是非观念模糊、道德意识下降，甚至抵御不住淫秽、色情、暴力内容的诱惑。君不见，在充满魔幻色彩的网络世界里，一些青少年沉溺于虚拟空间而离群索居，以致心理素质脆弱、人际情感疏远、社会责任缺失；还有一些青少年患上了“网络成瘾症”，“低头族”“鼠标手”成为其代名词。

2016 年 4 月 19 日，习近平总书记在网络安全和信息化工作座谈会上指出：“网络空间是亿万民众共同的精神家园。网络空间天朗气清、生态良好，符合人民利益。网络空间乌烟瘴气、生态恶化，不符合人民利益……我们要本着对社会负责、对人民负责的态度，依法加强网络空间治理，加强网络内容建设，做强网上正面宣传，培育积极健康、向上向善的网络文化，用社会主义核心价值观和人类优秀文明成果滋养人心、滋养社会，做到正能量充沛、主旋律高昂，为广大网民特别是青少年营造一个风清气正的网络空间。”网络空间的“风清气正”，一方面依赖政府和社会的共同努力，另一方面离不开广大网民特别是青少年的网络媒介素养的提升。“少年智则国智，少年强则国强。”青少年代表着国家的未来和民族的希望，其智识生活构成要素之一的网络媒介素养，不仅是当下各界人士普遍关注的一个显性话题，也是中国社会发展中急需探寻并破解的一个重大课题。

网络媒介素养既包括对媒介信息的理解能力、批判能力，又包括对网络媒介的正确认知与合理使用的能力。为此，我们组织编写了这套《青少年网络素养读本》，第二辑包含由五个不同主题构成的五本书，分别是《网络语言与交往理性》《人与智能化社会》《数字鸿沟与数字机遇》《以德治网与依法治网》《网络强国与国际竞争力》，旨在帮助青少年读者看清网络媒介的不同面相，从而正确理解和使用网络媒介及其信息。为适合青少年读者的阅读习惯，每本书的篇幅为15万字左右，解读了大量案例，以使阅读与思考变得生动、有趣。

这套丛书是集体才智的结晶。作者分别来自武汉大学、中央财经大学、中南财经政法大学、湖南财政经济学院、怀化学院等高等院校，六位主笔都是具有博士学位的专家学者，有着多年的教学与科研经验；其中几位还曾是媒介的领军人物，有着丰富的媒介工作经验。写作过程中，他们秉持知识性、趣味性、启发性、开放性的原则，不仅带领各自的学生反复谋划、研讨话题，一道收集资料、撰写文本，还多次深入社会实践，倾听青少年的呼声与诉求，调动青少年一起来分析自己接触与使用网络的行为，一起来寻找网络化生存的限度与边界。因此，从这个层面上说，这套丛书也是他们与青少年共同完成的。

作为这套丛书的主编之一，我向辛勤付出的各位主笔及参与者致以敬意。同时，也向中共宁波市委宣传部、中共宁波市委网信办和宁波出版社的领导，向这套丛书的责任编辑表达由衷的感谢。正是由于他们的鼎力支持与悉心指导、帮助，这套丛书才得以迅速地与诸位见面。青少年网络媒介素养教育任重而道远,我期待着,这套丛书能够给广大青少年以及关心青少年成长的人们带来有益的思考与启迪,让我们为提升青少年的网络媒介素养共同出谋划策,为青少年的健康成长共同营造良好氛围。

是为序。

罗以澄

2021 年 3 月于武汉大学珞珈山

目录

CONTENTS

第二章　网络强国与经济社会发展转型

第一章 网络强国战略及其提出的历史背景

主题导航

1. 网络强国战略提出的历史背景
2. 网络化信息化与产业转型升级
3. 网络化信息化与网络安全建设
4. 世界主要国家的网络化信息化战略

进入 21 世纪以来，随着互联网的普及和现代信息技术的日新月异，人类进入了新一轮的信息技术革命。2014 年，中央网络安全和信息化领导小组成立，之后，提出“网络强国”的概念，指出当今世界新一轮信息技术革命和产业革命，正以惊人的力量和速度影响着社会生活的方方面面，没有网络安全就没有国家安全，没有信息化就没有现代化，当今中国亟须聚集人才，发展核心技术，建设网络强国。这是一次极具前瞻性的国家发展战略规划，我国已经清晰地意识到网络化和信息化，对于实现中华民族伟大复兴的中国梦的巨大推动作用。

第一节 网络强国战略提出的历史背景

你知道吗？

网络强国战略，是当前我国一项重大的国家发展战略，主要涵盖网络基础设施建设、信息通信业新的发展及网络信息安全三个方面的重要内容。为什么在当前这样一个特殊的社会发展阶段，我国要提出和制定这一重要的国家发展战略呢？

从全球范围来看，信息化、网络化对经济、政治、文化、社会等各个领域的渗透越来越明显，成为推动经济社会转型、实现可持续发展、提升国家综合竞争力的强大动力。从实践层面来看，信息化、网络化的巨大作用也越来越凸显。在经济领域，它促进传统产业转型，不断催生新的经济形态；在政治领域，它不断改变传统政治生态，促进民主法治发展；在文化领域，它推动文化的内容、形式和传播方式发生革命性的变革；在社会领域，它促进社会结构转型，深刻改变人类的生活方式；在军事领域，基于信息化、网络化的军事斗争能力成为国防实力的关键性要素；在科技领域，现代信息技术、网络技术水平成为衡量国家科学技术进步的重要标志。

一、网络强国战略的基本内涵

党的十八大以来，以习近平同志为核心的党中央密切关注中国互联网发展状况，始终强调“关键核心技术是国之重器”，“要紧紧牵住核心技术自主创新这个‘牛鼻子’，抓紧突破网络发展的前沿技术和具有国际竞争力的关键核心技术”。从提出网络强国战略，到把“互联网 +”纳入“十三五”规划，再到中央网络安全和信息化领导小组改为中央网络安全和信息化委员会，我国网信事业走出了一条具有中国特色的网络化信息化发展道路。

作为中国互联网发展的规划蓝图和方向指引，建设网络强国的战略思想，从提出到成熟在实践中的不断摸索，其基本内涵发展经历了几个阶段：

时间	文件或会议名称	网络强国战略内容
2014.2.27	中央网络安全和信息化领导小组第一次会议	指出把我国从“网络大国”建设成为“网络强国”，在技术、网络文化、信息基础设施、网络安全和信息化人才、国际交流合作等方面做好网络安全和信息化工作。

续表

时间	文件或会议名称	网络强国战略内容
2015.11.3	《中共中央关于制定国民经济和社会发展第十三个五年规划的建议》	将网络强国战略和“互联网+”行动计划、国家大数据战略纳入“十三五”规划,提出加快构建高速、移动、安全、泛在的新一代信息基础设施,拓展网络经济空间。
2015.12.16	第二届世界互联网大会开幕式	指出面对目前网络空间存在的各种隐患和问题,各国应该加强对话合作,共同构建和平、安全、开放、合作的网络空间,建立多边、民主、透明的全球互联网治理体系。
2016.4.19	网络安全和信息化工作座谈会	指出网信事业的发展必须以人民为中心,让亿万人民在共享互联网发展成果上有更多获得感,强调网络安全和信息化是相辅相成的,既要构建安全保障体系,又要在核心技术上取得突破。
2016.7.27	《国家信息化发展战略纲要》	指出了我国信息化发展的基本形势,明确了建设网络强国的指导思想、战略目标和基本方针,将大力增强信息化发展能力、着力提升经济社会信息化水平、不断优化信息化发展环境三方面作为建设网络强国的战略任务,强调必须坚持中央网络安全和信息化领导小组对国家信息化发展的集中统一领导。
2016.10.9	中共中央政治局第三十六次集体学习	要求推动互联网和实体经济深度融合,加快传统产业数字化、智能化,做大做强数字经济,拓展经济发展新空间;要深刻认识互联网在国家管理和社会治理中的作用,加快用网络信息技术推进社会治理。

续表

时间	文件或会议名称	网络强国战略内容
2017.10.18 ~10.24	中国共产党第十九次全国代表大会	指出要加快建设制造强国,推动互联网、大数据、人工智能和实体经济深度融合,利用技术创新推动网络强国、数字中国、智慧社会建设。
2018.4.20 ~4.21	全国网络安全和信息化工作会议	系统阐述网络强国战略思想,指出不仅走出一条中国特色治网之道,而且提出一系列新思想、新观点、新论断,形成了网络强国战略思想。

经过不断的探索和完善,目前我国网络强国战略已经形成了系统的思想体系和行动指导,在全国网络安全和信息化工作会议上,习总书记用“五个明确”高度概括了网络强国战略思想:

(一)明确网信工作在党和国家事业全局中的重要地位

20 多年前中国全功能接入国际互联网,加入了世界互联网发展大潮。20 多年间互联网在中国蓬勃发展,截至 2014 年,中国已经成为全球网民数量最多的国家,电子商务、电子政务、智慧城市等概念兴起,各种互联网应用的发展极大地促进了中国的经济增长、社会进步和民生改善。未来,互联网还将赋能于政治、经济、社会、文化、军事等各个领域,全面渗透人民生活的各个层面,给生产生活带来深刻影响。

目前,中国正处于全面建成小康社会和实现“两个一百年”奋斗目标的关键时期,互联网将在下一历史阶段与中国发展战略紧密结合,意味着党和政府必须将互联网发展纳入下一步战略考量。过去,由于各种原因,中国错过了前几次工业革命,而此次信息技术革命正在全球范围如火如荼地展开,中国赶上了互联网大发展的历史时机,应当抓住机遇、奋力一搏,积极发展大数据、云计算、物联网、人工智能等传播科技,实现信息技术革命的弯道超车,掌握互联网全球治理话语权。因此,必须将网信工作放在事业全局中的重要地位。

当然,互联网发展对于世界各国而言都是一把双刃剑,它在改善民生、为民众带来福祉的同时,也带来了国家主权安全、国家网络空间治理风险等挑战。面对潜在危机,党和政府需要把网信工作作为参与国际治理的重要任务,与世界各国共同商讨、合作解决,共建和平、安全、开放、合作的网络空间,建立多边、民主、透明的国际互联网治理体系。

(二)明确网络强国建设的战略目标

网络强国建设的最终目标是“让互联网发展成果惠及 13 亿多中国人民,更好造福各国人民”。习近平曾多次强调:“网信事业要发展,必须贯彻以人民为中心的发展思想。要适应人民期待和需求,加快信息化服务普及,降低应用成本,为老百姓提供用得上、用得起、用得好的信息服务,让亿万人民在共享互联网发展成果上有更多获得感。”同时,互联网的发展让全球成为一个命运共同体,面对互联网发展带来的各种国际问题,任何国家都不能置身事外。中国提出的网络强国战略不是闭门造车,而是以开放的姿态、包容的态度,积极参与完善全球互联网治理体系,推动网络空间的优势互补、共同发展，让更多国家和人民搭乘信息时代的快车、共享互联网发展成果。

2016 年，国务院发布《国家信息化发展战略纲要》，明确提出了建设网络强国的“三步走”战略目标：

（1）到 2020 年，固定宽带家庭普及率达到中等发达国家水平，第三代移动通信（3G）、第四代移动通信（4G）网络覆盖城乡，第五代移动通信（5G）技术研发和标准取得突破性进展。信息消费总额达到 6 万亿元，电子商务交易规模达到 38 万亿元。核心关键技术部分领域达到国际先进水平，信息产业国际竞争力大幅提升，重点行业数字化、网络化、智能化取得明显进展，网络化协同创新体系全面形成，电子政务支撑国家治理体系和治理能力现代化坚实有力，信息化成为驱动现代化建设的先导力量。

互联网国际出口带宽达到 20 太比特 / 秒（Tbps），支撑“一带一路”建设实施，与周边国家实现网络互联、信息互通，建成中国—东盟信息港，初步建成网上丝绸之路，信息通信技术、产品和互联网服务的国际竞争力明显增强。

（2）到 2025 年，新一代信息通信技术得到及时应用，固定宽带家庭普及率接近国际先进水平，建成国际领先的移动通信网络，实现宽带网络无缝覆盖。信息消费总额达到 12 万亿元，电子商务交易规模达到 67 万亿元。根本改变核心关键技术受制于人的局面，形成安全可控的信息技术产业体系，电子政务应用和信息惠民水平大幅提高。实现技术先进、产业发达、应用领先、网络安全坚不可摧的战略目标。

互联网国际出口带宽达到48太比特/秒（Tbps），建成四大国际信息通道，连接太平洋、中东欧、西非北非、东南亚、中亚、印巴缅俄等国家和地区，涌现一批具有强大国际竞争力的大型跨国网信企业。

（3）到21世纪中叶，信息化全面支撑富强、民主、文明、和谐的社会主义现代化国家建设，网络强国地位日益巩固，在引领全球信息化发展方面有更大作为。

（三）明确网络强国建设的原则要求

党的十八大以来，我国在互联网发展、网络安全和信息化等方面作出了一系列重大决策，也取得了一系列历史性成就。取得这些突破的原因归根结底在于我国对网信工作集中统一领导和对网信工作作出的一系列战略部署是完全正确的。面对未来网信工作出现的新形势、新特点，我们应该保持定力、遵循原则、灵活应对。对此，可以用以下四点概括我国网络强国建设的原则要求：

（1）创新发展。创新、协调、绿色、开放、共享的发展理念，是当前和今后一个时期我国发展的总要求和大趋势，我国网信事业发展要适应这个大趋势，在践行新发展理念上先行一步。我国虽已成为网络大国，但在自主创新方面仍和网络强国有一定差距。为此，建设网络强国需要统筹各方创新发展：在网络舆情工作上创新改进网上宣传，在核心技术上加强自主创新和基础设施建设，在网络安全上提高自主创新能力和网络安全保障能力，在人才培养上要建设政治强、业务精、作风好的强大创新团队。

（2）依法治理。网络空间不是“法外之地”，虽然网络空间是虚拟的，但是运用网络空间的主体是现实的。网民在享有自由表达权利的同时，也要遵守法律法规，尊重他人的合法权益。对此，建设网络强国需要抓紧制定立法规划，坚持依法治网、依法办网、依法上网，构建合法良好的网络空间秩序，保障各方网络空间合法权益。

（3）保障安全。国家安全离不开网络安全。网络空间的发展在带给现实空间方便和福利的同时，也给现实空间带来了前所未有的安全隐患。网络空间以其匿名性、开放性，影响之重大、危害之深远，不仅对国计民生各个领域造成威胁，甚至还影响到国家主权安全、社会稳定。无论是震惊世界的“棱镜门”事件，还是这几年频频发生的大量数据泄露、DDoS 攻击等事件，无不证明了增强网络空间防御能力的重要性。因此，建设网络强国，要维护网络空间安全以及网络数据的完整性、安全性、可靠性，提高维护网络空间安全能力。

（4）造福人民。发展网信事业，必须贯彻以人民为中心的发展思想，这是立足于我国国情和为人民服务的宗旨得出的结论。基于互联网的日益普及，互联网愈来愈融入人们的生产生活，网络空间的建设已经与广大民众的生活休戚相关。因此，网络强国战略必须坚持以人民为中心，让互联网发展成果惠及 13 亿多中国人民。

（四）明确互联网发展治理的国际主张

2015年，习近平在第二届世界互联网大会开幕式讲话中，首次提出了构建网络空间命运共同体的“四项原则”和“五点主张”，得到世界多国的一致赞同。其中，“四项原则”指：

（1）尊重网络主权。主权平等原则是当代国际关系的基本准则，覆盖国与国交往各个领域，其原则和精神也应该适用于网络空间。

（2）维护和平安全。网络空间不应成为各国角力的战场，更不能成为违法犯罪的温床。各国应该共同努力，防范和反对利用网络空间进行的犯罪活动。

（3）促进开放合作。各国应该推进互联网领域开放合作，让更多国家和人民搭乘信息时代的快车、共享互联网发展成果。

（4）构建良好秩序。网络空间不是“法外之地”。要坚持依法治网、依法办网、依法上网，让互联网在法治轨道上健康运行。

“五点主张”指：

（1）加快全球网络基础设施建设，促进互联互通。中国正在实施“宽带中国”战略，打通网络基础设施“最后一公里”。中国愿同各方一道，共同推动全球网络基础设施建设，让更多发展中国家和人民共享互联网带来的发展机遇。

（2）打造网上文化交流共享平台，促进交流互鉴。中国愿通过互联网架设国际交流桥梁，推动世界优秀文化交流互鉴，推动各国人民情感交流、心灵沟通。

（3）推动网络经济创新发展，促进共同繁荣。中国正在实施“互联网 +”行动计划，推进“数字中国”建设，发展分享经济，为各国企业和创业者提供了广阔市场空间。中国开放的大门永远不会关上，愿意同各国加强合作，促进世界范围内投资和贸易发展，推动全球数字经济发展。

（4）保障网络安全，促进有序发展。中国愿同各国一道，推动制定各方普遍接受的网络空间国际规则，制定网络空间国际反恐公约，健全打击网络犯罪司法协助机制，共同维护网络空间和平安全。

（5）构建互联网治理体系，促进公平正义。国际网络空间治理，应该坚持多边参与、多方参与，研究制定全球互联网治理规则，使全球互联网治理体系更加公正合理，更加平衡地反映大多数国家意愿和利益。

（五）明确做好网信工作的基本方法

做好网信工作的基本方法可以分成两个步骤：

一是顶层设计，总体布局。党的十八大以来，党中央高度重视网信工作，出台了一系列政策，作出了一系列决策：2015 年，“十三五”规划建议提出，把“实施网络强国战略”作为我国未来五年经济社会创新发展的重要方向，近年来，《促进大数据发展行动纲要》《“十三五”国家信息化规划》《“十三五”国家战略性新兴产业发展规划》《关于深化制造业与互联网融合发展的指导意见》《国家信息化发展战略纲要》《智能制造发展规划

（2016~2020年）》等多个文件密集发布，从“互联网+”行动计划、国家大数据战略、智能制造等方面对建设网络强国进行了补充和完善，完善了网络安全和信息化相关的法律法规，形成了网络强国建设的统一谋划和全局部署。

二是统筹协调、整体推进。网络强国战略包括网络基础设施建设、信息通信业新的发展和网络信息安全三个方面，其中良好的网络基础设施是建设网络强国的根基，网络安全和信息化是一体之两翼、驱动之双轮，它们对国家的各个领域都发挥着牵一发而动全身的作用，因此必须统筹协调，整体推进。

从中央网络安全和信息化领导小组第一次会议提出的五个重点任务，到如今在网络基础设施建设、信息通信业新的发展和网络信息安全方面提出了更多的具体的要求：

（1）提高网络综合治理能力，形成党委领导、政府管理、企业履责、社会监督、网民自律等多主体参与，经济、法律、技术等多种手段相结合的综合治网格局。

（2）树立正确的网络安全观，加强信息基础设施网络安全防护。

（3）核心技术是国之重器。要下定决心、保持恒心、找准重心，加速推动信息领域核心技术突破。

（4）网信事业代表着新的生产力和新的发展方向，应该在践行新发展理念上先行一步，围绕建设现代化经济体系、实现高质量发展，加快信息化发展，整体带动和提升新型工业化、城镇化、农业现代化发展。

（5）抓住当前信息技术变革和新军事变革的历史机遇，推动形成全要素、多领域、高效益的军民深度融合发展格局。

（6）国际网络空间治理应该坚持多边参与、多方参与，推动联合国框架内的网络治理，更好发挥各类非国家行为体的积极作用，推进全球互联网治理体系变革。

（7）加强党中央对网信工作的集中统一领导，确保网信事业始终沿着正确方向前进，不断增强“四个意识”，坚持把党的政治建设摆在首位，研究制定网信领域人才发展整体规划，推动人才发展体制机制改革。

二、网络强国战略提出的历史背景

2014 年，我国首次提出网络强国战略时，正值信息技术革命风起云涌，信息技术对国际政治、经济、文化、社会、军事等领域都产生深刻影响，线上线下空间边界开始消融，互联网渗入社会生活的方方面面，深刻改变了人们的生产和生活方式。没有网络安全就没有国家安全，没有信息化就没有现代化，这是习总书记基于对时代环境的深刻认知和对我国网络空间建设的实际考量得出的结论。因此，网络强国战略的提出，具有特定的历史背景。

（一）信息时代信息化对社会生活各方面产生巨大影响

2016 年 4 月 19 日，习近平在网络安全和信息化工作座谈会上指出，从社会发展史来看，人类经历了农业革命、工业革命，正在经历信息技术革命。如今,互联网浪潮席卷全球,人类社会正处于一个史无前例的时代 —— 信息时代。在这个时代里,信息化和网络技术得到了前所未有的发展,人们对互联网的认识逐渐从工具论、媒介论转为产业论,信息产业成为全球各个国家经济社会发展的核心驱动力之一。借助信息技术和互联网的广泛应用,人类社会的生产力得以实现进一步飞跃,对全球政治、经济、文化、社会、军事等领域都产生了深远的影响。

信息时代的特点是网络化、数字化、智能化。网络是信息时代最不可或缺的公共基础设施,从早前的互联网到移动互联网再到物联网,技术的发展极大地拓展了人体和空间的限制。物联网,即物体通过智能感知装置,经过传输网络,到达指定的信息承载体,实现全面感知、可靠传送和智能处理。简言之,物联网能将身边的物体智能化后进行信息传输,建立应用服务,最终实现物与物、人与物之间的互联互通。物联网具有广阔的运用前景,在车联网、工业互联网、交通运输、家居生活等方面都已经大显身手,尤其是对建设智慧城市、智慧地球意义深远。建设智慧城市,可以通过物联网的环境感知对城市建设进行详查和动态监测,可以充分对城市中道路交通、农林环境、医疗服务等方面做出监测和预警,能够将实时收集的大量数据通过各种网络上传到云计算平台进行数据处理和定量、定性分析,为智慧城市建设提供智能可靠的决策依据,通过物联网应用迅速及时解决智慧城市建设出现的问题,提高城市建设应急管理能力,保障市民生活质量。比

物联世界

如在交通建设方面，物联网能够实时监测路况信息并提供缓解交通压力的优化方案；在医疗建设方面，医院可以通过患者佩戴的传感器实现实时监控和病患信息共享，对病情进行追踪和后续跟进管理。

信息时代也是一个信息爆炸的时代，海量的信息爆炸似的席卷全球，给传统数据分析和处理技术带来诸多挑战，大数据的概念兴起，数字化的核心就是将社会生产生活中的海量信息转化成数据并加以记录，通过云计算和开源技术发展推动大数据落地，运用大数据分析工具充分挖掘数据价值。大数据应用能对经济社会发展和现代化社会建设产生巨大效用，不仅是数字经济发展的先导力和推动力，在人力资源配置、企业决策优化、风险控制等方面也大有作为，还能帮助政府和公共机构提高公共服务水平，进行科学决策。

信息时代的智能化正在与社会各行业加速融合，推动行业整体变革和产业转型升级，尤其表现为智能化正在为传统制造业赋能，改变了传统制造业发展形态，催生新型发展模式，使重振制造业成为可能。从最初引入生产流水线，到如今人工智能重塑制造业形态，智能化发展的几十年里人们从未停止过对智能制造的探索：解放人力的机器人智能设备和全自动生产流水线、通过信息网络系统实现全生产链流程数据共享与实时监控的智能工厂、“智能装备 + 传感器终端”的工业大数据 …… 智能化与制造业的深度融合，让原本逐渐式微的制造业发生了革命性的变化，不仅提高了生产的质量和灵活度，优化了资源配置，还对全产业链价值进行了重新挖掘和判定，更重要的是，智能制造将成为信息时代经济社会产业变革的先导力量，颠覆全球工业格局。可以说，未来谁掌握了智能制造的制高点，谁就能在全球工业竞争格局中掌握话语权。

（二）网络空间成为新一轮国家间博弈的主阵地

互联网的开放性、共享性使整个世界真正成为“鸡犬之声相闻”的地球村，让大洋两端语言不通的人们可以在网络空间自由交流，彼此交换思想，共享喜怒哀乐。这正是互联网的魅力所在。

但是，新的空间形成，就意味着新的领域竞争和话语权争夺的开始。随着网络空间在人类社会生活中的重要性与日俱增，线上社会成为社会生活不可分割的重要部分，而且与线下社会的界限日渐消融，这就意味着国家之间的界限开始从线下延伸到了线上，各大国家为了掌握互联网信息技术、争夺网络空间话语主导权，纷纷布局互联网技术产业，把互联网作为经济发展、技术创新的重点，把互联网作为谋求竞争新优势的战略方向。如美国在互联网基础设施建设上持续发力，在4G技术、宽带网络服务等方面领先世界，德国出台“工业4.0”战略，在全球范围内输出信息物理系统产品和技术，保持其装备制造业的顶尖水平。

除了增强整体互联网信息技术实力外，能否在网络舆论空间占有一席之地，也是各国进行网络博弈的焦点。在互联网发达的今天，信息流通早已超越空间界限，互联网的开放性、匿名性和信息传播的复杂性，大大增加了舆论管控的难度。正因如此，对网络舆论的引导和话语权的争夺，就显得尤为必要。

（三）互联网发展是一把双刃剑

互联网发展带来的机遇，显而易见。当今社会网络信息技术日新月异，全面融入社会生产生活，不仅推动了产业体系颠覆性变革，让世界成为一个联系紧密的命运共同体，还在一定程度上消弭了不同民族、地区之间文化的差异，推动人类文明进入新的历史发展阶段。

同时，我们也应注意到互联网发展带来的潜在危机，因为信息化带来的安全问题比以往人类社会面临的风险要更加严重和突出。一方面，网络技术的高速发展让人们对互联网产生了强烈的依赖，尤其是移动互联网及其应用的发展，更是逐渐消解了虚拟和现实的边界，对网络的过于信赖让人只能看见现实生活中明显的损失，而对网络空间中隐蔽却常见的危机视而不见，最典型的莫过于个人隐私的泄露。尽管绝大多数时候个人隐私泄露并不会造成财物损失，但当我们仔细思量，就会发现身边的智能设备在不经意间记录着我们的每一个动作、习惯，人们在享受个性化信息定制服务的同时，也把个人的所有信息交给了网络，还不清楚数据会传向何方、被谁所用。同时，信息的资本垄断、信息失真、虚假新闻、个性化信息定制服务带来的“信息茧房”效应等问题，会让个人在不自觉中被利益集团所利用，在个性化信息定制

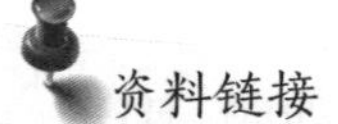

资料链接

信息茧房

信息茧房是指人们关注的信息领域会习惯性地被自己的兴趣所引导，从而将自己的生活桎梏于像蚕茧一般的“茧房”中的现象。由于信息技术提供了更自我的思想空间和任何领域的巨量知识，一些人还可能进一步逃避社会中的种种矛盾，成为与世隔绝的孤立者。

服务里坐井观天，甚而失去人类共同价值和社会共情能力，导致群体极化。

另一方面，信息化带来的网络安全问题，也会对国家主权造成巨大危害。互联网将世界连成一体，其风险会沿着锁链在国与国之间疯狂蔓延。由于网络空间建设具有极高的技术壁垒，落后的发展中国家在最初的信息基础设施建设上就被发达国家远远甩在了身后。国与国、地区与地区之间的数字鸿沟正逐渐扩大，变得难以逾越。因此，一些发达国家便依仗雄厚的经济基础和强大的技术实力在网络空间为所欲为，严重危害全球互联网治理秩序。2013 年的“棱镜门”事件震惊全球，网络安全问题激起世界各国极大的关注。此后数年，全球爆发了多起网络攻击事件，证明了信息化存在重大安全隐患。

更为严重的是，信息化社会中的文化霸权主义借助互联网的力量变得愈发猖狂，现代资本主义国家能够通过互联网将其文化产品、意识形态潜移默化地输送到其他国家，对发展中国家进行价值渗透和文化控制。在这种话语结构下，大国对弱小国家的统御不再是赤裸裸的殖民与侵略,而是更为隐蔽的“话语剥夺”与“话语入侵”。因此,网络安全是国家安全战略的重要组成部分,如何保障网络空间安全、维护网络空间国家主权,是每一个主权国家必须认真应对的问题。

(四)中国正处于从“网络大国”到“网络强国”的过渡阶段

中国互联网络信息中心(CNNIC)发布的第46次《中国互联网络发展状况统计报告》显示,截至2020年6月,中国网民规模9.40亿,互联网普及率达67%,庞大的网民构成了中国蓬勃发展的消费市场,也为数字经济发展打下了坚实的用户基础。同时,中国国内域名数量、境内网站数量及互联网企业数量等也处于世界前列。截至2019年12月,中国建成5G基站13余万个,5G产业链推动人工智能与物联网结合发展到智联网。以网购为代表的消费互联网,中国的网购用户截至2020年6月已达7.49亿,2019年的网购交易规模达10.63万亿元。这些数据都表明我国已经建设成为网络大国。

我国信息化、网络化进程稳步发展,互联网基础资源持续壮大、企业互联网使用比例创历史高位、网民数量超过人口半数,网络大国地位愈加稳固。但是,规模大并不意味着信息技术强、网络安全保障能力高。与网络强国相比,中国还有较大差距:中国在全球信息化排名中处于70名之后;人均宽带与国际先进水平差距较大;关键技术受制于人,自主创新能力不强,网络安全面临严峻挑战。另外,中国城乡和区域之间“数字鸿沟”问题突出,以信息化驱动新型工业化、新型城镇化、农业现代化和国家治理现代化的任务依然繁重。

正如习近平总书记在中共中央政治局第三十六次集体学习时所指出的，虽然我国网络信息技术和网络安全保障取得了不小成绩，但同世界先进水平相比还有很大差距，在互联网创新能力、信息资源共享、信息技术产业实力上仍然落后于西方发达国家，核心技术受制于人。资料显示，中国仅在家用电器、建材、铁路和高铁技术等少数领域领先美国，但在半导体、生物机器、特种化工和系统软件等核心技术领域都落后于美国，与其差距在二三十年。在网络安全方面，个人隐私贩卖成灾、勒索病毒传播、企业信息泄露等安全事件频发，不得不让我们承认我国网络安全防御能力亟待加强。

第二节 网络化信息化与产业转型升级

你知道吗？

人类社会步入近代以后，科学技术迭代更新，推动了人类文明史上几次意义深远的工业革命。18世纪60年代，英国以蒸汽机的发明和应用为标志率先引发了第一次工业革命，社会生产关系和社会结构由此发生了根本性变革，工业资产阶级和工业无产阶级形成并逐渐壮大。19世纪70年代至20世纪上半叶爆发第二次工业革命，各种新科学、新技术层出不穷，电力被广泛应用于社会生产，电力工业和电器制造业迅速发展。在社会生产力迅速发展的同时也形成了垄断和垄断组织，世界联系加强的同时也促成了资本主义世界市场的最终形成。20世纪后半叶的第三次工业革命，是一场以原子能、电子计算机、空间技术和生物工程的发明和应用为主要标志，涉及信息技术、新能源技术、空间技术等诸多领域的一场信息控制技术革命。在这场工业革命中，信息化浪潮席卷全球，推动全球经济加速向以网络信息技术产业为主的经济模式转变，并推动整体产业转型升级、促进经济发展提质增效。

一、网络化信息化与工业现代化

近年来，随着大数据、云计算、人工智能等网络信息技术的发展，信息化趋势正在逐步融入制造业，信息化和工业化的交织，推动人类工业 4.0 时代的到来。发达国家开启了以重振制造业为目的的“再工业化”战略，在德国汉诺威工业博览会上提出的“信息物理系统（CPS，Cyber-Physical Systems）”被上升为国家战略，美国的“再工业化”战略将新材料产业、智能制造产业视为经济发展的创新驱动，各国都在抢占信息时代产业变革的制高点。因此，信息化与工业化的“双化”融合已成为振兴制造业、推动制造业转型升级的未来趋势。

被誉为“微缩版工业 4.0 落地史”的德国汉诺威工业博览会，一直以来都反映了信息化与工业化的相融，从 2016 年的“融合的工业 —— 发现解决方案”到 2017 年的“融合的工业 —— 创造价值”，再到 2018 年的“融合的工业 —— 互联协作”，2019 年，汉诺威工业博览会的主题升级为“融合的工业 —— 工业智能”，“智能化”概念成为汉诺威工业博览会中心词之一。生产设备的互联和智能组件的广泛应用，带来了大量数据，这构成了包括人工智能、数字孪生、AR/VR 在内的多项新技术的应用基础 …… 这就意味着人工智能技术在经过和工业的磨合之后，终于从概念转变为应用，成为下一个智能制造阶段的核心技术。

“智能制造”，这一概念最早由美国学者 P.K.Wright 和 D.A.Bourne

提出。他们将智能制造定义为机器人应用制造软件系统技术、集成系统工程以及机器人视觉等技术,实行批量生产的系统性过程。智能制造的演进,遵循的是从数字化、网络化向智能化的转型升级思维。1952 年,美国帕森斯公司与 MIT 合作研发出了世界上第一台数控机床,这是一种装有程序控制系统的自动化机床。该控制系统能够有逻辑地处理具有控制编码或其他符号指令规定的程序,并将其译码,从而使机床动作并加工零件,不仅节省了生产准备时间,减轻了人力劳动强度,还使生产效率高、加工质量稳定。20 世纪 70 年代,美国、日本等相继研发出了以微处理器为核心的数控系统的数控机床,通过大规模集成电路组成的中央处理器大幅度提高了电路执行控制和算数逻辑运算速度,在此期间,计算机辅助设计技术和计算机辅助制造技术逐渐成熟并应用于工业生产,实现产品生产数字化。

随着互联网的普及, TCP/IP 协议成为互联网的基本协议,是标准化的高层协议,提供了更可靠的用户服务。在网络基础设施日趋完善的基础上,工业互联网产生并促进了新兴制造技术与信息技术深度融合,实实在在地推动了技术创新落地,为产业链上各个企业高度协同合作创造了条件。未来,作为制造业竞争的制高点,智能制造将会成为制造业质量效益全面提升的重要驱动力,人工智能、大数据、物联网、云计算等技术的协同融合,将使制造业向智能制造方向转型升级。智能制造将在产品、装备、生产方式、管理和服务等领域发挥巨大效能。

二、网络化信息化与农业智慧化

我国“十三五”规划纲要提出推进农业信息化建设，加强农业与信息技术融合，发展智慧农业。此后数年，我国先后出台《“十三五”全国农业农村信息化发展规划》《全国农业现代化规划（2016~2020年）》等文件，将智慧农业作为未来农业发展的方向，培育互联网农业，建立健全智能化、网络化农业生产经营体系，提高农业生产全过程信息管理服务能力，对全面推进农业农村信息化作出总体部署。

信息技术的不断创新从根本上改变了传统农业的发展模式，随着人工智能、GIS技术、物联网以及农业大数据等的广泛应用，传统农业在产量、效能、成本、质量等方面都发生了巨大的转变，一种生态、安全的新兴智慧农业模式崛起。智慧农业是在农业全产业链中充分运用信息技术和智能系统发展农业的新模式，物联网、云计算等信息技术使智慧农业的传输网络进一步扩大，成为“互联网+”产业融合中的重要环节。信息化能够通过创新农业设备，解决我国农业作业效率低下、作业标准差异化等问题，推动农业生产无人化、自动化。

信息时代，大数据、物联网在农业方面的实践贯穿了农业生产过程中从产到销的各个环节，存储、上传海量农业数据，并对数据进行整合和分析，推动农业数字化、网络化转型。人工智能是实现智慧农业的关键技术，在灌溉用水供求分析、土肥分析、农业专家系统、智能温室系统等方面大有可为。其中灌溉用水供求分析能够通过智能灌溉控制系统和人工神经网络检测得到气候指数和水文气象观测数据,选择最佳灌溉规划策略,进行灌溉用水供应。土肥分析则被广泛用于精确施肥,利用人工神经网络帮助农民判断土壤成分以提高产出、降低成本。

目前,信息化正在加速产业融合,促进农业领域跨产业协作,依托科技企业技术优势推动农业智能化、数字化升级。作为中国顶尖互联网企业,腾讯在深耕互联网运营、云计算、人工智能、大数据等前沿技术上具有突出优势,并确定未来将秉承数字化助手的定位,依托腾讯技术优势,在智慧农业领域,与中粮集团共同推进农业大数据与人工智能的深度合作,推动其在生产工艺优化控制、经营管理决策以及风险管控等方面的智能化和数字化升级。

利用信息化实现智慧农业有利于数字农业农村快速健康发展,助力打赢脱贫攻坚战,引领驱动乡村振兴战略实施。因此,我们必须强化创新驱动发展,发展农业关键核心技术,培育一批农业战略科技创新力量,推动生物种业、重型农机、智慧农业、绿色投入品等领域自主创新。

三、网络化信息化与服务业智能化

服务业的崛起，及其在国家产业经济中举足轻重的影响，同样得益于信息化的发展。服务业最早提出的 O2O（Online to Offline）模式（离线商务模式）就是把传统的线下与线上结合起来。早期的互联网通常被商家用来做线上营销和品牌宣传，目的是给线下实体店引流。等到了移动互联网时代，O2O 模式像雨后春笋般爆发，越来越多传统消费领域的商家入驻互联网，服务平台建立起来，这一时期的商业模式是商家以低价获取流量、平台进行补贴，但由于大量涌入的商家激化了竞争形态，O2O 逐渐演变成了烧钱引流、恶性竞争、同质化严重的畸形模式。目前，进入信息时代的 O2O 在经历过粗放式发展以后逐渐沉淀，优质的企业和平台被留下，继续探索从传统迈向大数据与智能化转型的可能性。

1. 智慧零售。2019 年，阿里云研究中心发布《2019 数字化趋势报告》，指出零售业将成为受云计算、人工智能、IoT 等新技术影响最深的行业领域之一，数字化将继续加速赋能新零售。无论是以消费者需求为核心的数字化体验，还是以商家经营需求为核心的供应链数字化改造，其核心方向都是借助新技术将零售的每一个环节都实现数字化，提高生产效率，实现零售价值再创造。

零售业数字化转型已从前端引流渗透至中端和后台，在商品管理、人员管理、优化场景服务等方方面面开始发挥作用。零售业数字化指利用数字化技术实现零售业全过程管理，既包括对已有企业资源管理、MIS 系统和办公自动化的进一步整合，还包括对企业组织架构和业务模式的数字化设计。因此，零售业信息化的本质就是如何通过应用 IT 技术等工具实现有效的管理，创造和获取竞争优势。

数字化能够解决顾客需求，个性化定制成为未来零售业趋势。新兴的 C2M（Customer-to-Manufacturer）概念指的是顾客对工厂，即未来厂家将根据用户画像精确追踪顾客个性化需求，并为之提供定制产品和服务。同时，未来的零售业可能从线上回归线下，随着定制化服务成为主流，“体验”将会代替“方便”，成为用户进行消费的首要选择，越来越多的线下门店将提供一对一的定制服务。此外，聊天机器人和预测语音分析等新型数字工具也正被用来精确定位用户需求。

2. 智慧医疗。智慧医疗，指在医疗信息一体化平台建设基础上实现医疗数据融合对接，将业务管理和信息数据安全等功能集于一体，为每一个医疗场景提供数据服务，从而进行远程医疗资源互动，让医生能够全程了解病人身体状况，及时、准确地做出诊疗决策并获得反馈。

信息技术与医疗结合能够极大地整合医疗资源、提高治疗效率。目前，医疗界的“AI+ 软件 + 硬件”技术能够将医疗数据储存、传输、处理、诊断、可视化呈现等功能统合，以跟踪病人诊断、治疗和痊愈全过程。此外,医疗物联网的建立,可以将医疗设备连接在一起,实现医院各系统的高度感知、高速互联与智能连接,进而优化配置医疗资源,持续进行服务创新。

信息化带来的智慧医疗的另一个作用在于优化医生工作环境。人工智能在医疗界运用已越发普遍,未来的2~3年,人工智能就会开始在医疗行业占据重要地位。人工智能能妥善安排医疗事务,提高患者看病效率、节省看病时间。目前,已有医院通过人工智能优化系统来减少患者的等候时间。最重要的是,人工智能的技术核心是以人为中心,以患者为中心,能够为患者定制个性化精准医疗服务,探寻最佳治疗方案。

3. 智慧出行。随着智慧城市概念的发展,人类日常的交通出行与信息化结合愈发紧密。美、欧、日等传统汽车强国投入大量研发资金以支持汽车智能网联技术的发展,美国以国家标准为导向、高科技创新驱动企业发展,欧洲是以代工转型与产品智能升级为指导,在传统汽车基础上渐进性发展,日本采取的是以国家整体战略推进、相关行业协同分工、代工联手的方式。中国也紧随其后,将智能网联汽车提升到国家战略的高度,于2016年发布了《智能网联汽车技术路线图》,明确智能网联汽车技术发展方向:以智能化为主、兼顾网联化。随着电子、信息、通信等技术与汽车产业加速融合,汽车产品加快向智能化、网联化方向发展。

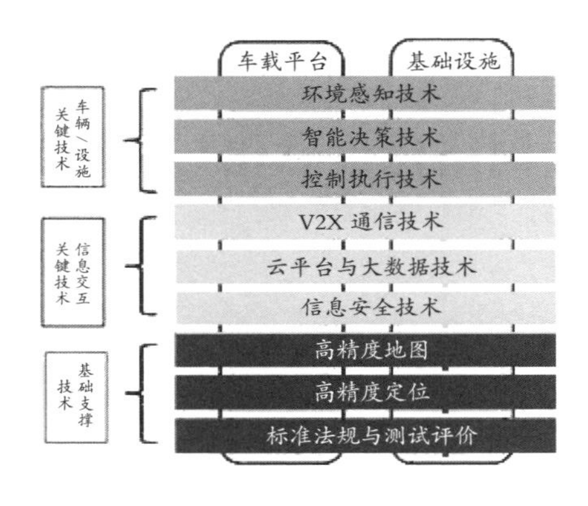

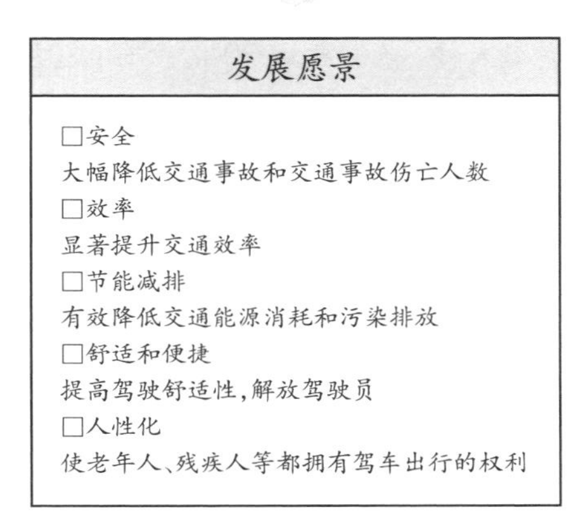

智能网联汽车技术架构与发展愿景

根据《智能网联汽车技术路线图》,智能网联汽车发展的总体思路分为三个阶段:起步期推进以自主环境感知为主、网联信息服务为辅的部分自动驾驶应用;发展期重点形成网联式环境感知能力,实现可在复杂工况下的半自动驾驶;成熟期推动可实现V2X 协同控制、具备高度或完全自动驾驶功能的智能化技术。

第三节　网络化信息化与网络安全建设

你知道吗？

2010 年，伊朗核设施遭受“震网”病毒攻击，大量用于生产核燃料的离心机遭到破坏；2016 年，俄罗斯中央银行电脑系统遭到黑客入侵，损失高达 20 亿卢布；2018 年，脸书用户数据大规模泄露。近年，我国也发生了数亿条快递公司用户信息、酒店入住信息、网站用户数据信息等泄露事件，大量个人隐私信息的泄露，严重威胁网民的人身和财产安全。

一、网络空间安全问题突出

信息化网络化加速国家现代化进程，在为民众带来福祉的同时，也给世界各国带来新的安全问题。当前，网络安全领域面临诸多难题，安全形势依然复杂严峻。

统计显示，2019 年，国家互联网应急中心（CNCERT）协调处置网络安全事件约 10.8 万起，其中网页仿冒事件最多，其次是安全漏洞、恶意程序、网页篡改、网站后门、DDoS 攻击等事件。重要行业关键信息基础设施逐渐成为勒索软件的重点攻击目标，其中，政府、医疗、教育、研究机构、制造业等是受到勒索软件攻击较严重的行业。云平台已成为发生网络攻击的重灾区，在各类型网络安全事件数量中，云平台上的DDoS攻击次数、被植入后门的网站数量、被篡改网站数量均占比超过50%。这些触目惊心的数据一方面说明信息泄露等问题侵犯公民个人合法权益，有害社会和谐稳定，另一方面也说明网络安全威胁和风险突出，并日益向政治、经济、文化、社会、生态、国防等领域传导渗透，严重危害国家安全。

二、各国网络空间安全体系构建

面对日益严峻的网络信息安全形势，各国都在加紧制定网络信息安全政策、构建国家网络空间信息安全体系，建设网络强国。美国发布了《国家安全战略》《增强联邦政府网络与关键性基础设施网络安全》等文件，通过落实举措、发挥网络安全功能，提升美国总体网络安全水平；日本建立起了多层次的网络信息安全监管体系；新加坡成立网络安全局（CSA），重点研究制定国家网络安全策略，监督网络安全状况；俄罗斯先后发布《俄罗斯联邦网络安全战略构想》《2020年前俄罗斯联邦国际信息安全领域国家政策框架》等多项法规文件，建立健全本国网络信息安全法规体系。

三、中国网络空间安全体系建设

十八大以来，以习近平同志为核心的党中央高度重视互联网、发展互联网、治理互联网，统筹协调涉及政治、经济、文化、社会、军事等领域信息化和网络安全重大问题，为推动我国网络安全保障体系的建立，树立正确的网络安全观，建设网络安全强国，指明了方向。中央网络安全和信息化委员会成立，负责这一领域重大工作的顶层设计、总体布局、统筹协调、整体推进、督促落实。由此，从网络专项立法到网络安全制度建设，从保护用户隐私信息到加强网络安全审查，网络安全屏障日益牢固，网络安全地基不断夯实。

时间	文件	内容
2012	《全国人民代表大会常务委员会关于加强网络信息保护的决定》	加大保护个人电子信息力度，加强网络身份管理等。
2016	《关于加强国家网络安全标准化工作的若干意见》	指出要建立统一权威的国家标准工作机制。建立重大工程、重大科技项目标准信息共享机制，推动国家网络安全相关重大工程或科研项目成果转化为国家标准，用标准引领产业发展。
2016	《国家网络空间安全战略》	阐述推进网络空间发展应达到“和平、安全、开放、合作、有序”五大目标，建立网络安全审查、等级保护、风险评估、漏洞发现等安全制度和机制，和平利用网络空间，开展国际合作。

续表

时间	文件	内容
2017	《中华人民共和国网络安全法》	明确网络空间治理的基本原则,提出制定网络安全战略,明确网络空间治理目标,提高我国网络安全政策的透明度;进一步明确政府各部门职责权限,完善了网络安全监管体制;强化网络运行安全,重点保护关键信息基础设施;完善网络安全义务和责任,加大违法惩处力度;将监测预警与应急处置措施制度化、法制化等。
2017	《关键信息基础设施安全保护条例(征求意见稿)》	关键信息基础设施在网络安全等级保护制度基础上,实行重点保护;详细阐明关键信息基础设施范围、运营者应履行的职责及对产品和服务的要求;规定运营者安全保护的权利、义务及其负责人的职责,要求建立关键信息基础设施网络安全监测预警体系和信息通报制度。
2017	《网络空间国际合作战略》	主张网络空间应用于促进数字经济发展、国际和平与稳定,造福各国人民,倡导各方在相互尊重、互谅互让的基础上,加强对话合作,共同构建和平、安全、开放、合作、有序的网络空间,建立多边、民主、透明的全球互联网治理体系。
2018	《网络安全等级保护条例(征求意见稿)》	适用范围扩大;确立了各部门统筹协作、分工负责的监管机制;提出了网络定级,网络运营者应在规划设计阶段确定网络的安全保护等级等。

关键信息基础设施是建设网络空间、实现网络安全的重中之重。近年来,针对关键信息基础设施的攻击强度不断增加、范围不断扩大,重要数据泄露严重,波及公共通信、能源、金融、交通、水利、工业制造、医疗卫生等多个领域。关键信息基础设施安全成为国家安全必须重视的问题,保护关键信息基础设施建设、采用自主可控核心技术,加固网络安全防护壁垒,构建网络与信息安全保障体系,刻不容缓。

2019年3月,委内瑞拉重要水电站遭蓄意破坏,导致全国范围内大规模停电,全国交通瘫痪、医疗设备断电、通信线路中断、商铺关门……极大影响了该国人民的正常生活。

同时,信息化浪潮将世界各国连成命运共同体,携手共建国际互联网治理体系是国际社会的共同责任。在“一带一路”建设中,中国高度重视与沿线国家进行网络安全合作,与日韩签署《关于加强网络安全领域合作的谅解备忘录》,与东盟举行中国—东盟网络安全应急响应能力建设研讨会。目前,对网络信息安全问题,世界各国仍持不同看法,在凝聚共识、建立沟通平台上仍面临较大阻力,因此构建公正合理、透明平等的全球互联网共享共治平台,还有很长的路要走。

第四节 世界主要国家的网络化信息化战略

你知道吗？

随着信息化、网络化的蓬勃发展，各国开启了网络空间的新一轮博弈，信息化水平已经成为衡量一个国家核心竞争力的重要标准之一，谁在信息化方面占据制高点，谁就能掌握先机，赢得新一轮博弈。在此基础上，世界各国通过研究分析国家现状和时代趋势，制定了各自的网络化信息化发展战略。

一、美国的网络化信息化战略

1992 年，美国首次提出建设“信息高速公路”，即建设一个高速度、大容量、多媒体的信息传输网络。“信息高速公路”的提出开启了美国的信息化革命，率先发展电子网络传输等信息基础设施，提高了信息交流的效率和信息共享的便捷性，为美国在后来的信息化发展奠定了一定的技术基础。随后，信息化高新技术助推美国经济发展，其重要地位被确立起来，美国进一步明确了信息化在政治、经济、社会、军事等方面发挥的重要作用，逐渐建立起了以信息化为特点，政府、企业、社会共同参与的信息化建设机制。一方面，政府负责强化信息化顶层设计，完善信息化发展相关法律法规和政策环境，推动电子政务发展；另一方面将电子商务、信息产业等作为社会经济发展的龙头行业，加强信息基础设施建设，通过大数据、云计算、人工智能等信息技术的发展保障国家信息安全。

（一）推动高速宽带网络等信息基础设施建设

1996 年美国通过了新的电信法，目的在于刺激电信服务竞争，通过运营商竞争改善用户服务，提高宽带网络速度。2010 年，美国联邦通信委员会（FCC）公布了国家宽带计划，到 2020 年，美国宽带发展要实现 6 个目标：

（1）至少 1 亿个美国家庭应该负担得起接入下行速率大于等于 100Mbps、上行速率大于等于 50Mbps 的宽带服务。

（2）美国将以比其他国家运行更快、分布更广泛的无线网络，在移动创新上领先。

（3）每个美国人都负担得起接入强健的宽带服务，并且这种订阅是按照他们的意愿来选择的。

（4）每个美国社区都负担得起接入速率大于等于 1Gbps 的宽带服务，来访问学校、医院和政府大楼等机构。

（5）为了确保美国公众的安全，每位先遣急救员都可接入可互操作的、安全的全国无线宽带网络。

（6）为了确保美国在清洁能源经济中的领导地位，每位美国人都应该能够通过宽带来实时跟踪和管理他们的能源消耗。

（二）建设数字政府，推动电子政务发展

2009 年，美国政府签署了《开放透明政府备忘录》，成立数据门户网站 Data.gov，全面开放政府数据，以便公众能够随时获取政府数据，对政府政务进行有效监督，从而最大限度地实现政府数据价值，改善服务质量，建立一个更加开放、参与、合作的政府。

2015 年，联邦总务管理局公民服务与科技创新办公室旗下的 18F 创新小组，会同联邦数字服务中心、白宫科技政策办公室联名发布了关于政府网站的数字化分析仪表盘，以帮助政府更好地设计政府网站、提供优质高效的公共信息服务。

作为美国数字政府战略的一部分，这些计划以信息为中心，通过政府数据公开与共享，让美国民众能够通过政府网站、电子邮箱等网络渠道及时获取信息，参与到政府决策、管理和监督上来。

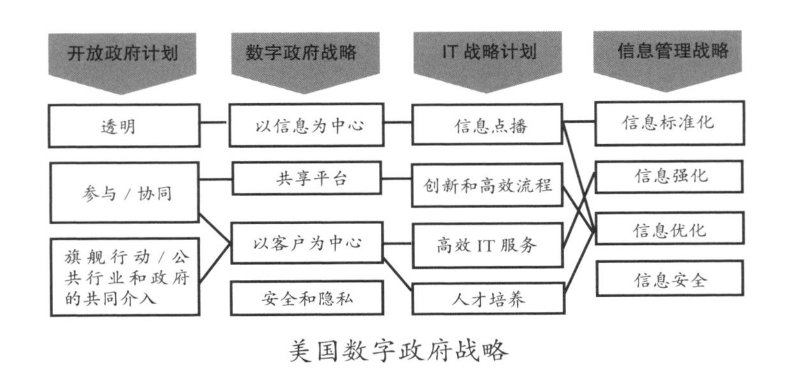

美国数字政府战略

（三）加强信息化技术部署，通过顶层设计推动技术发展

2011 年，美国联邦政府发布《联邦云计算战略》，把云计算作为未来国家发展战略，并指出将在未来进一步加强云计算设施的部署力度，用云计算提高政府决策效率，指导各部门向云平台迁移，制订联邦政府的行动计划，确定相关部门的职责。

2012 年，美国政府启动“大数据研究和发展计划”，把“大数据”上升到了国家战略的层面。与工业界、学术界等非营利机构合作，进行了一系列前瞻性布局。同年 5 月，美国政府发布了“构建 21 世纪数字政府”战略规划，通过 Data.gov 平台提高政务数据访问、组织、收集信息的能力，以顶层设计推动大数据革命。

（四）以信息技术发展为国家安全保驾护航

信息技术在成为经济发展的支柱的同时，也带来了诸如数据泄露、病毒入侵等网络风险。一旦核心部门的信息系统被破坏，带给国家的损失是巨大的。对此，美国于 2003 年将网络空间安全上升到国家战略高度，发布《确保网络空间安全的国家战略》。2018 年，美国国防部再次发布国家层面网络安全战略报告，以纲领性文件明确了网络安全在美国国家安全的重要地位，为维持美国在网络空间的优势提出了一系列网络安全工作措施，包括建立一个适应性强、安全的技术市场，促进数据跨境自由流动，保持美国在新兴技术领域的领导地位等。

二、英国的网络化信息化战略

（一）《英国 2015~2018 年数字经济战略》：发挥数字经济潜力

2015 年 2 月，英国政府出台《英国 2015~2018 年数字经济战略》，旨在通过数字化创新来驱动经济社会发展，把英国建设成为数字强国。战略以用户为中心，提出英国数字经济发展的五大战略：首先，国家鼓励企业或个人的数字化创新性想法，为其改善数字化营商环境；第二，英国以用户需求为中心打造数字化社会，以确保用相关的解决方案来解决市场问题；第三，英国将尽可能为个人数字化创新者提供帮助，包括提供专业的技术、业务发展指导以及各类相关的商务资源；第四，将在各行业努力发展并巩固数字经济的结构基础，支持彼此协作的基础设施和软件平台，构建数字生态系统并使其不断发展壮大；最后，确保创新技术被良好地利用并能取得可持续的成功。

（二）《英国数字化战略》：提纲挈领性的信息化战略

2017 年，英国发布《英国数字化战略》，旨在通过推动数字化业务、建设数字化基础设施、创新信息技术，将英国建设成为一个信息化、网络化大国。从内容上看，该战略分别从数字化基础设施、数字化技能普及、电子政务、数字经济、网络空间建设等方面对英国未来数字化建设指明了方向，提出了详尽的要求。在数字化基础设施建设上，该战略建议英国将宽带和移动连接视为第四大公用事业，整合商业组织、各地政府和通信供应商的力量，使公众能获益于更快的网络连接。在数字经济发展上,该战略提出要帮助每一家英国企业顺利转化成数字化企业,释放数据在英国经济中的重要力量,改善数字经济整体环境。在网络空间建设层面,战略指出英国将继续与国际伙伴保持合作,确保自身技术、数据、网络方案能够有力保障本国公民与企业,与世界各国共同维护一个自由、开放、安全的网络空间。

(三)英国数字政府战略:"数字政府即平台"

在建设数字政府中,英国于2012年颁布《政府数字化战略》、2014年实施《政府数字包容战略》、2015年启动"数字政府即平台"计划,又专门成立了"政府数字服务小组",负责定制公众的数字服务。这些战略和相关举措无不证明英国政府在实现政府数字化转型上的态度之强硬、力度之大。

英国内阁大臣弗朗西斯·莫德曾在2015年英国政府数字化工作会议上总结过去几年英国政府在数字化转型上取得的一系列成就:三百多个网站实现统一整合,2014年GOV.UK政府网站访问量达到十亿次,与过去相比,每年为纳税人节约了600亿英镑,八大事务服务,如税务管理和投票注册现已全部实现数字化……尽管数字化转型工作推进过程十分顺利,但距离数字化转型任务完成仍有一定差距。因此,英国政府后来在2017年发布的《政府转型战略(2017~2020)》中提出,加强顶层设计,强化"数字政府即平台"的理念,推动政府数字化转型进程。

三、德国的网络化信息化战略

(一)《德国 21 世纪信息社会行动计划》:迈向信息化

1999 年,德国制订了《德国 21 世纪信息社会行动计划》,通过政界、经济界、学界等各方的共同努力,使德国信息通信技术在 21 世纪居于欧洲领先水平,简称 D21 计划。计划的主要内容包括建立完善的法律法规、提高教育行业信息化水平、加强信息基础设施建设、推进政府管理现代化、普及信息通信技术等,最终实现工业社会到信息社会的过渡。

(二)《2005 年联邦政府在线计划》:建立电子政府

2000 年,德国联邦政府制订了《2005 年联邦政府在线计划》,探索电子政府建设的创新解决方案,不仅为政府系统引入信息技术,还创新政府管理模式和行政体系,建立了电子政务的垂直和水平双向计划,即从联邦到州的垂直计划和全国各县市之间的水平计划。《2005 年联邦政府在线计划》使联邦政府的门户网站直接连通所有联邦部门,极大地提高了联邦部门之间处理政务的效率,也使公民能够更便捷、更快速地查询政府数据、使用政府服务。

(三)“工业 4.0”:未来信息化战略发力点

德国是最早提出“工业 4.0”的国家。在 2011 年的德国汉诺威工业博览会上,德国正式提出“工业 4.0”,其核心目的是提高德国工业的竞争力,在新一轮信息技术革命中抢占先机。

“工业 4.0”又称双重战略，一是在德国境内推行信息物理系统，提高制造业的生产效率，二是在全球范围内输出信息物理系统产品及技术，保持德国的装备制造业在全球范围内的继续领先。2013 年，“工业 4.0”被纳入《高技术战略 2020》，认为“工业 4.0”将从根本上改善制造、工程、材料使用、供应链和生命周期管理的工业过程，尤其是“智能工厂”的出现，标志着一种全新生产方法被运用于工业生产，它可以让工厂与企业之间在业务流程上实现网络连接，并可进行从下单到生产、管理、物流运输过程的实时监控，让端到端工程贯穿整个价值链。在“工业 4.0”时代里，信息物理系统技术将主导工厂生产，通过网络实现横向集成，贯穿整个价值链的端到端工程数字化集成，使德国工业在信息时代工业竞争中掌握优势。

四、法国的网络化信息化战略

（一）《数字法国 2020》：数字经济进入新高度

2011 年，法国政府发布《数字法国 2020》，这是继 2008 年《数字法国 2012》之后最新的数字经济战略。《数字法国 2020》不仅总结了《数字法国 2012》发布后三年内法国在数字经济发展上取得的重要成果，还在其基础之上创造性地提出了数字经济发展的新要求，包括通过数字产业提升经济竞争力、普及数字网络、实现数字应用和服务多样化、改革数字经济治理等内容。

（二）“未来工业”：注重智能制造、数字化为主的新兴领域

2015年，法国宣布进入“新工业法国”的第二阶段“未来工业”。“未来工业”战略包含了新资源开发、可持续发展城市、环保汽车、网络技术、新型医药等九个信息化项目，旨在通过这些新兴领域实现再工业化的目标。“未来工业”战略在促进新兴技术发展、加快企业信息化转型升级、加强人才培训、做好法国在“未来工业”领域的宣传及开展国际合作五个方面做出努力，比如让人工智能、物联网和增强现实等技术在欧洲处于领先地位，成立未来工业联盟帮助中小企业进行信息化转型，设立未来工业领域跨学科研究项目、培养研究人员，组织召开未来工业领域大型国际展会以调动行业积极性，积极与欧洲智能制造和工业信息化领域企业建立良好合作关系等。

第二章

网络强国与经济社会发展转型

主题导航

1. 网络化信息化与工业现代化
2. 网络化信息化与农业现代化
3. 网络化信息化与商业电子化
4. 网络化信息化与产业管理现代化
5. 网络化信息化与社会管理现代化

党中央明确提出实施网络强国战略以及与之密切相关的“互联网 +”行动计划。当前，应深入把握我国网络建设与发展的基本形势、明确网络强国的主要指标与建设途径，通过网络强国战略的有效实施助推经济社会发展转型。

第一节 网络化信息化与工业现代化

你知道吗？

信息技术可以与经济社会发展各领域深度融合，蕴含着驱动现代化的巨大潜能。互联网在全球的蔓延和发展使得经济一体化程度加深，国际竞争加剧，全球各国努力抓住信息时代的机遇实现飞跃和进步。

一、工业现代化的时代背景

当前世界主要工业国家发展速度放缓，近年的金融危机打击全球各国经济，工业发展普遍面临以下几个方面的问题。一是成本提升，发达国家在劳动力成本驱使下将劳动力转移到发展中国家，发达国家在本国寻求自主创新的智能制造发展模式，原材料价格的普遍上升也为制造业发展带来压力。二是环境污染加剧，资源相对短缺、环境污染加大、能耗增加等问题日益严峻，环境污染、生态破坏、资源匮乏成为人类需要共同面对的问题。除此之外，经济增长乏力的同时，钢铁、水泥等传统行业存在产能过剩现象，老龄化现象日益严峻导致人口结构发生变化，这将倒逼社会产业结构的变革[1]。

中国自改革开放以来，依托人口红利实现了制造业的飞速发展，经济实力大大增强，实现了数十年的高速增长，中国成为世界制造业大国。但是，近年来伴随着人口红利逐渐消失、国内老龄化程度加剧、人力成本上升、生产要素价格上升、产业结构不合理等多重压力[2]，中国企业在全球市场上的竞争力逐渐消失，处于低端加工环节的制造业急需转型升级。

当下，信息技术的发展为工业生产注入了新的活力。20 世纪中期，以美国为首的先进工业化国家引发了以电子计算机在工业领域的大规模应用为标志的"第三次工业革命"，信息技术的应用实现了生产的高度自动化。21 世纪，互联网、物联网、人工智能、大数据、云计算、区块链等新技术不断发展，信息时代下的工业化越来越体现为大数据和互联网赋能下的智能制造、网络化制造和服务型制造等制造新模式，形成网络化、信息化、工业化三化共进的局面。

世界工业强国和发展中国家纷纷实行创新的制造理念和模式[3]。美国 GE 跨界联合 IBM、思科、英特尔和 AT&T 等 IT 公司成

---

[1] 陈运红，何霞 . 巨浪：全球智能化革命机遇 [M]. 北京：电子工业出版社，2016.

[2] 杜品圣，顾建党 . 面向中国制造 2025 的智造观 [M]. 北京：机械工业出版社，2017.

[3] 王喜文 . 智能制造：中国制造 2025 的主攻方向 [M]. 北京：机械工业出版社，2016.

立工业互联网联盟，发展先进制造业。德国基于其强大的机械和装备制造业，提出“工业 4.0”战略，其本质以机械化、自动化和信息化为基础，建立智能化的新型生产模式与产业结构，并将数字信息融入生产、管理各个流程，实现智能工厂。日本推行《机器人新战略》，强调机器人与 IT 技术、大数据、网络、人工智能等深度融合，确保日本在世界机器人领域的领先地位。英国“去工业化”战略，将劳动力密集型产业转移到发展中国家，集中在国内发展依托自主创新和设计的数字创意产业和金融服务产业。法国推行了《新工业法国》战略，朝数字制造、智能制造等方向进攻，实行“再工业化”。印度发布《物联网策略》，推动信息技术产业成为国家重点产业。

我国制造业强国进程可分为三个阶段：2025 年中国制造业可进入世界第二方阵，迈入制造强国行列；2035 年中国制造业将位居第二方阵前列，成为名副其实的制造强国；2045 年中国制造业可望进入第一方阵，成为具有全球引领影响力的制造强国。

我国于 2015 年公布了强化高端制造业的国家战略规划《中国制造 2025》[1]，主张在中国特色社会主义道路下，基于我国国情，进一步推动制造业创新发展，以推进智能制造为主要方向，实现产业转型。在

[1] 政府网．中国制造 2025 [EB/OL]. http://www.gov.cn/zhuanti/2016/MadeinChina2025-plan/.

经济新常态下,该战略将推动信息化与工业化的深度融合,力争通过三个十年的努力,到新中国成立一百年时把我国建设成为引领世界制造业发展的制造强国。

二、现代工业与工业互联网

蒸汽时代产品生产依托蒸汽机与生产机器,形成工厂大机器生产模式,电气时代流水线的发明实现了大规模生产,电气成为主要生产力量。第三次工业革命开创了大规模定制生产, Web2.0时代将依靠什么呢?信息技术将成为工业生产的核心驱动力,以互联网为核心的数字化、网络化、智能化将提高生产效率和劳动效率,工业互联网这个信息技术的产物将成为新的生产引擎。作

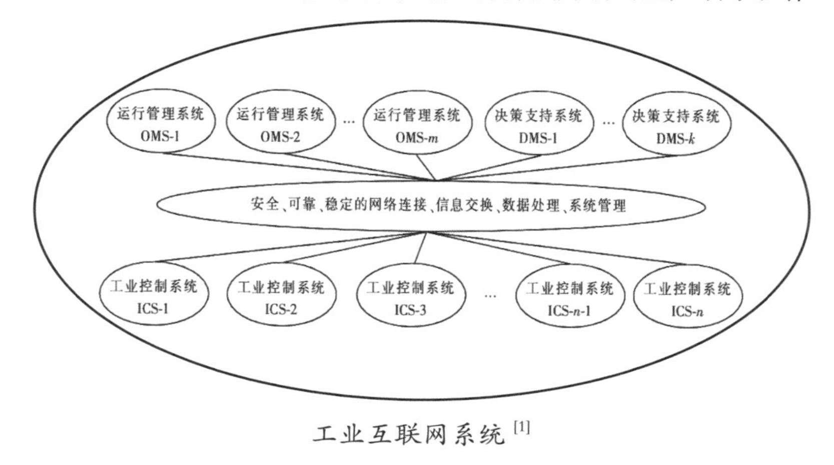

工业互联网系统[1]

[1] 沈苏彬,杨震 . 工业互联网概念和模型分析 [J]. 南京邮电大学学报(自然科学版),2015,35(5):1−10.

为工业化、信息化的关键基础设施，工业互联网将工业生产要素组织起来，成为工业生产的操作系统。所有满足生产需求的生产要素组织起来，放入这一平台，工业互联网将通过技术加工完成生产任务。

（一）工业互联网的特征

1. 互联互通。万物互联成为信息时代的重要特征，互联网技术可以与一切物质形态相结合，推动行业形态的转变升级，生产、加工、销售等各个环节通过与互联网的结合达成服务新生态。工业互联网形成了广泛的互联互通机制，实现了产品生产链的整体互联互通，包括操作人员与操作人员、设备与设备、设备与操作人员、设备与用户、操作人员与用户、设备与厂家、用户与厂家、用户与用户等多个层次的人、机、物互联互通，在信息化网络化背景下，数据将所有联系成为可能，企业内、企业间及产业链上下游各主体之间实现无缝传输[1]。

2. 大数据。数据成为支撑工业互联网运行的基础。数据的收集分析成为信息时代工业发展的另一大有力武器。首先需要创造新一代传感器获取所需信息，其次需要具备信息分析能力，通过利用数据形成高效率的商业模式[2]。数据这一无形生

[1] 魏毅寅，柴旭东．工业互联网：技术与实践 [M]. 北京：电子工业出版社，2017.

[2] 何文韬，邵诚．工业大数据分析技术的发展及其面临的挑战 [J]. 信息与控制，2018，47（4）：398−410.

产要素在信息时代的价值与劳动、土地等要素的价值相当，以数据资产和大数据为基础的业务将成为每一个工业互联网企业的核心。

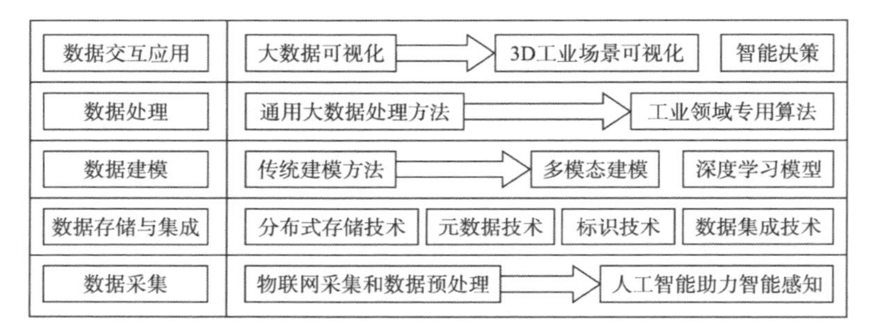

工业大数据分析处理架构及未来发展[1]

3. 智能化。工业互联网通过数据实现企业对消费者偏好的跟踪，大数据的追踪能力使得信息时代工业生产的智能化水平、个性化水平、服务化水平得到提升。信息化智能化交互技术推动智能平台发展，信息手段将人们在消费和使用过程中的数据不断聚集，赋予数据变现能力，智能平台通过硬件、软件、信息基础设施、商品及服务的堆叠，来实现对生产的控制。智能平台拥有收集、存储和处理数据的能力，可提供支持交互的技术。基于技术，产品生产变得"依情况而定"，越来越具有个性定制特征。

[1] 何文韬，邵诚．工业大数据分析技术的发展及其面临的挑战 [J]. 信息与控制，2018，47（4）：398−410.

（二）工业互联网的技术

1. 工业互联网体系架构与标准体系。

工业互联网体系架构由网络、数据、安全三部分构成[1]。“网络”是工业系统互联和工业数据传输交换的支撑基础，是基础设施装备，实现了各个主体之间的紧密传递。“数据”是工业智能化的核心驱动，涵盖数据采集、集成处理、建模分析、决策优化和反馈控制等功能，通过对海量数据的云计算分析，实现对生产现场状况、协作企业信息、市场用户需求的精确计算和复杂分析。“安全”是指对数据的保护，避免工业互联网系统受到外部攻击，安全是工业互联网发展的前提。

此外，工业互联网在发展过程中需要实行相关标准体系，科学成熟的标准体系将对技术、产品和服务起到促进作用。当前标准体系包括国家智能制造标准体系、云计算综合标准化体系和移动互联网综合标准化体系。标准体系的制定需要考虑业务竞争力、用户需求、服务功能等多个维度，标准体系制定仍需不断完善。

2. 物联网与云体系。

依托互联网技术、移动互联网技术以及物联网技术，工业发展可以同时具有灵活性、移动性、准确性、实时性、定位性、感应性、保密性。未来可以构建工业现场总线系统，既通过远程总线

[1] 魏毅寅，柴旭东．工业互联网：技术与实践 [M]. 北京：电子工业出版社，2017.

网络实现远距离数据传送，又通过本地总线网络连接远程总线网络，实现远程总线网络与本地总线网络数据的转换。同时，光纤宽带有线网络与移动互联无线网的发展适应了海量工业数据的高速传输需求。伴随着5G时代的到来，新的技术将为网络传输容量、速率、可接入性、可靠性和能耗带来质的变化，工业互联网的应用将随之跨入新的阶段。

物联网与工业化融合将为工业互联网提供数据来源，物联网通过传感器捕捉信息，特定频率循环采集信息，实现数据的更新。传感器技术、嵌入式系统技术是物联网的重要技术。传感器为外在感知工具，嵌入式系统则进行终端处理，两者共同构建智能化革命的新基础设施，实现设备维修、维护计划远程推送，设备对标管理等方面的社会化协作[1]。

云体系也成为未来信息产业的发展方向，云平台与网络通过软硬件共同作用加速资源整合，推动共同协作[2]。大数据成为生产生活、经营决策中的重要手段。将大量数据整合，打通各个事物之间的数据联系，依托云计算实现科学决策、规模化定制和精准化生产。

---

[1] 吕铁．物联网将如何推动我国的制造业变革 [J]. 人民论坛·学术前沿，2016,(17)：28−37.

[2] 徐泉，王良勇，刘长鑫．工业云应用与技术综述 [J]. 计算机集成制造系统，2018，24（8）：1887−1901.

3. 智能制造。

信息通信技术与工业领域技术融合催生了一场智能化革命，而智能制造就是这场革命的核心。智能制造自 20 世纪 80 年代兴起，其核心为借助人工智能系统实现制造过程的自测量、自适应、自诊断和自学习，达到制造柔性化、无人化[1]。但受限于人工智能技术的发展速度，智能制造技术未能在企业广泛应用。近年来，网络化信息化的进一步发展，催生通信网络技术、新型感知技术的发展，从而实现了智能制造的进一步“数字化、网络化、智能化”。

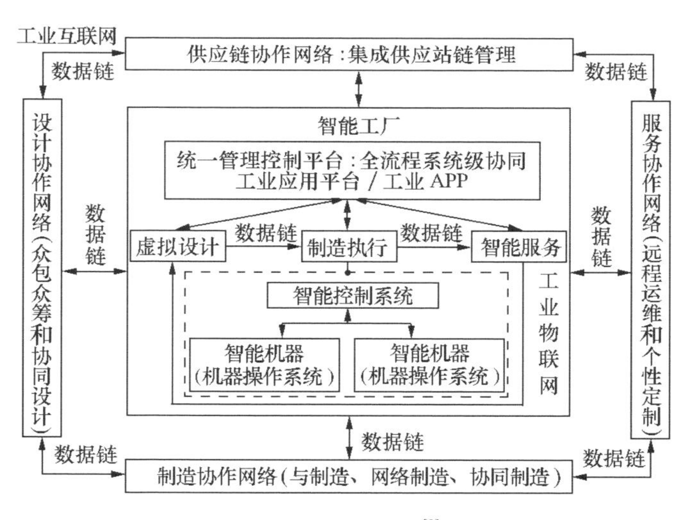

智能制造体系[2]

[1] 谭建荣，刘振宇．智能制造：关键技术与企业应用 [M]. 北京：机械工业出版社，2017.

[2] 赵升吨，贾先．智能制造及其核心信息设备的研究进展及趋势 [J]. 机械科学与技术，2017，36（1）：1-16.

智能制造主要功能是实现生产的自动化以及对信息的集成处理能力，在各个环节实现企业研发、制造、服务、管理全过程的精确感知、自动控制、自主分析和综合决策。智能制造是智能机器与人类专家共同组成的人机一体化智能系统，包括智能制造技术和智能制造系统。智能制造技术可以实现制造企业运作的集成化，提高生产效率，智能制造系统在制造过程中可以实现自我学习和更新。

（1）智能制造的技术特征。

自动化制造

自动化是智能制造的重要标志性特征，即自学习、自组织、自维护等。自动化制造可分为刚性制造和柔性制造。刚性制造又可以分为半自动化单机、自动化单机以及自动化生产线三种类型，其人工劳动强度依次减小，效率依次升高。柔性制造相较刚性制造所需投资更少，系统运行效率更高。企业需要根据市场需求定义和制定相应的生产制造模式，选择人工、半自动和全自动的形式。

智能化制造

当前智能化制造主要表现为工业机器人的使用。工业机器人在成本日益提升的工业制造背景下有强实用性，工业机器人产业成为未来的朝阳产业。

工业机器人的设计综合了计算机、控制论、机构学、信息和传感技术、人工智能、仿生学等多个学科，具有可自我再编程、拟人化、通用性、机电一体化的突出优势[1]。当下人机一体的发展趋势既体现了人在制造系统中的核心地位，又有利于虚拟制造技术发挥优势，人机结合成为智能制造的显著特点。

网络化制造

智能制造强调整个制造系统的网络集成，通过串联各个子系统来打破“智能化孤岛”局面，网络化制造实现了物流、仓储、市场销售的全覆盖，使得各个环节有据可查。物联网成为智能制造实现的重要途径。物联网以智能感知、识别与计算机计算等通信感知技术为主要形式，是互联网的延伸和拓展，是新一代信息技术的重要组成部分，被应用于网络化的生产系统、流通系统等。生产流程中的每个环节被网络记录下来并实现追踪，厂商可以快速准确地追踪订单动向。

协同制造

协同制造强调利用工业互联网提供的跨企业资源共享与协作互操作功能，发展企业间协同研发、众包设计、供应链协同等新模式，实现产品及其相关过程的异地、跨企业协同制造模式，增强整体竞争力。协同制造既包括工厂内库存管理系统、生产管理系统、质量管理系统、产品生命周期管理系统、供应量管理系统各个系统之间的网络协同，实现信息实时共享和传递，还包括工厂间在价值链上的横向产业融合，通过产业联系提高上下游企业之间

[1] 王田苗，陶永．我国工业机器人技术现状与产业化发展战略[J]．机械工程学报，2014，50（9）：1-13.

的协作能力，共同研发满足市场需求的产品。

预测型制造

预测型制造主要依靠工业大数据来实现。工业大数据的特征可以用6V来表示[1]，第一，数据量大（Volume），当前数据规模量级不等，而在未来，数据的规模和成长速度将以更大级别增加。第二，数据种类多样（Variety），数据可分为结构化数据、非结构化数据和半结构化数据，图片、音频、视频等形式的数据的增加对数据处理能力提出了要求。第三，实时性强（Velocity），主要指数据需要进行实时分析，快速处理。第四，真实性高（Veracity），即避免在数据收集和提取过程中发生数据污染导致虚假信息。第五，可见性高（Visibility），原本不可见的数据在大数据背景下可见。第六，商业价值高（Value），从海量的信息中通过大数据功能挖掘到有益信息，实现数据变现。通过工业大数据，可以实现精准营销，减少物流和仓储成本，提高生产效率，还可以通过个性化定制生产销路较好的产品。

（2）智能制造的技术。

制造执行系统（MES）

MES技术为智能制造的精益化提供了核心技术。MES可以通过控制物料、设备、人员、流程指令等工厂资源来提高制造竞争力，实现在统一平台的多功能集中调度，提升调控的科学化程度，

[1] 夏志杰．工业互联网的体系框架与关键技术——解读《工业互联网：体系与技术》[J]. 中国机械工程，2018，29（10）：1248－1259.

使得生产管理数字化、生产过程协同化、决策支持智能化[1]。

数字化车间

车间是工业生产的重要场所，车间的生产效率和产品质量决定了企业的整体生产能力，提高车间生产水平将是智能制造中的重要一环。在网络化信息化背景下，数字化车间通过数字化、网络化、智能化等手段，基于已有的生产设备和生产设施等硬件基础设施，在生产过程中提升了设计和管理水平，满足信息时代的生产需求[2]。实现生产设备与设施的互联互通是打造数字化车间的重点内容，也是智能制造的基础。

信息物理系统（CPS）

CPS是融合了计算、通信与控制的智能化系统，即通过3C（Computation、Communication、Control）实现虚拟世界与物理资源的结合与协调。CPS是智能制造的核心技术，智能制造中的信息借助CPS摆脱孤立状态，实现各个系统之间的联系。具体而言，CPS具有以下几个技术特性[3]。第一，具备自省性特征，能够感知和预测自身状态的变化，既能运用生产线上的控制系统实现参数的自我调节，又能向工作人员提供系统当前的状态，便于工作人

---

[1] 智能科技与产业研究课题组. 智能制造未来[M]. 北京：中国科学技术出版社，2016.

[2] 朱铎先，赵敏. 机·智：从数字化车间走向智能制造[M]. 北京：机械工业出版社，2018.

[3] 李杰，邱伯华，刘宗长，魏慕恒. CPS：新一代工业智能[M]. 上海：上海交通大学出版社，2017.

员制定生产和机器维修计划。第二，CPS 能够实现设备活动的协同智能，在集群环境中对自我状态进行评估，实现自我学习并能够根据需要弥补集群环境下的缺口。总体而言，CPS 系统赋予实体系统自省、自预测、自组织、自比较等自动化能力，最终实现自重构、自协同和自成长。

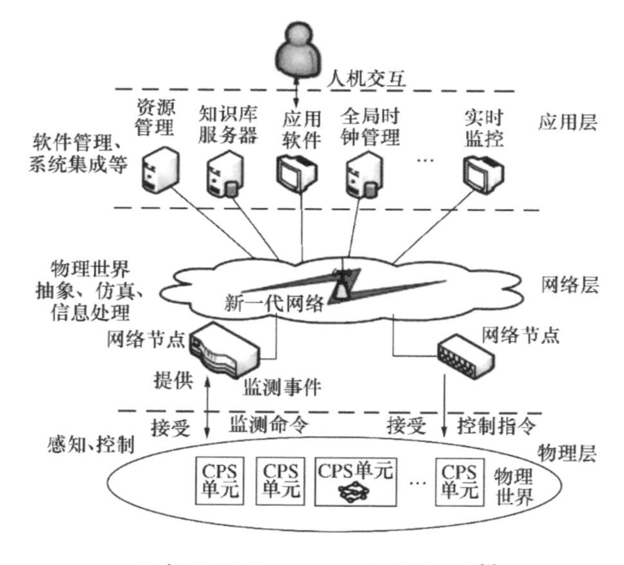

信息物理系统 CPS 的结构图[1]

在“工业 4.0”时代，依托物联网、大数据和互联网发展的智能工厂将推动下一场工业革命，形成以计算机为核心，横向、纵向和端到端的高度集成，实现企业之间以及企业与用户之间的全方位整合。自动化设备在未来的智能工厂中也将具备更高的感知

[1] 赵升吨，贾先．智能制造及其核心信息设备的研究进展及趋势 [J]. 机械科学与技术，2017，36（1）：1-16.

能力，将感知信息传递到云计算数据中心，智能化流水线作业将提高企业工作效率。原材料和零部件通过系统互联来实现其用途和目的，成为“智能物料”。

新一轮产业变革背景下，制度创新和技术创新成为主要特点，高端制造业升级、新兴产业发展成为必然趋势，如何在新一轮浪潮中提升国际竞争力是当下我们国家正在不断努力和探索的方向。“互联网 + 工业”将成为引领未来智能制造时代的核心，强调技术变革，推动制造创新成为发展重点。未来，智能制造下的互联制造、协同制造将全面展开，以信息化、网络化、工业化为特点的智能制造将重构一个全新的工业时代。

第二节　网络化信息化与农业现代化

你知道吗？

人类经历了农业革命、工业革命，现在正在经历信息技术革命。传统农业时代，精耕细作成为典型特征，农业生产主要依靠人力劳动来实现，伴随着化学技术、农业技术的发展，农业生产力大大解放，农产品产量得到提高。机械化工业时代，机械化生产改变了原本仅能依靠人力劳动进行农业生产的局面，种植面积扩大，产量得到大幅提升，劳动生产率和农业生产力水平大幅提高。

一、人类农业发展现状

21 世纪，数字化、网络化、智能化浪潮席卷而至，物联网、云计算、大数据、人工智能等新一代信息技术对现代农业也产生了深远的影响。当下，农业的发展本身面临着耕地资源、水资源日益紧缺，劳动力成本上升，老龄化趋势加剧，环境污染加剧等一系列生态环境和社会环境问题。此外，还面临农药残留、食品添加剂滥用、农产品质量标准化水平降低、农产品质量安全等一系列问题。

在此背景下，自动化农业生产模式成为新的农业发展方向和主要趋势，农业生产、经营、管理和服务依托信息技术实现重大变革。物联网、大数据、空间信息、移动互联网等信息技术在种植、禽畜养殖等方面得到应用，农村电子商务蓬勃发展，带来农村经济新的增长点，农产品质量安全追溯体系快速推进，服务信息化全面提升，未来农业的发展将进一步依托信息化和网络化，实现标准化体系管理，延长农业价值链，推动城乡、工农、线上线下的进一步融合互动，农业生产将迈入智能时代。

二、现代“互联网 + 农业”

互联网在社会生活中的渗透速度极其快速，在人口红利下降，劳动力、原材料成本上升的现实状况下，农业这一重要的传统产业必然与不断发展和进步的互联网技术产生交集。从田间到餐桌，从种植到加工，从仓储到运输，从资本到人力，“互联网 + 农业”创造了许多新的发展空间。

2015 年两会期间，李克强总理将“互联网 +”提高为国家发展战略[1]。2015 年 7 月颁布的《国务院关于积极推进“互联网 +”行动的指导意见》提出，要利用互联网提升农业生产、经营、管理

[1] 政府网 . 互联网 +，李克强的新工具 [EB/OL].（2015−03−13）. http://www.gov.cn/xinwen/2015−03/13/content_2833538.htm.

和服务水平，培育一批网络化、智能化、精细化的现代“种养加”生态农业新模式，形成示范带动效应，加快完善新型农业生产经营体系，培育多样化农业互联网管理服务模式，逐步建立农副产品、农资质量安全追溯体系，促进农业现代化水平明显提升。

“互联网 + 农业”主要运用物联网、大数据、移动互联网、云计算、空间技术、人工智能六大技术，集感知、传输、控制、作业为一体，将农业的标准化、规范化大大推进，以降低生产成本、提高生产效率、增强农产品质量监控为主要目的，使农户与企业、土地与资源、资本与金融、市场与信息、技术与人才、体制与法制这六大资源要素重新配比，打破传统的农业行业，贯穿生产、经营、管理、服务四个环节，形成有机的商业运行机制。

在各类要素上，“互联网 + 土地资源”形成规模效益，信息技术通过“农场云”“耕地云”的形式对土地资源进行配置；“互联网 + 劳动力”形成农业生产的新兴人员力量，即既具有科学文化素质又掌握现代农业技能及经营管理能力的劳动力[1]。借助互联网，在“互联网 + 资本”上，农业金融服务迎来新的机遇，农业成为资本投入的重要领域。

“互联网 + 农业”在农业生产上，优化了资源配置，提高了土地、资本、劳动力等生产要素的利用效率，并借助大数据、物联网等新兴技术提高了农业生产加工环节的智能化水平，在节省成本的同时，

[1] 胥付生，秦关召，陈勇．互联网 + 现代农业 [M]. 北京：中国农业科学技术出版社，2016.

提高了质量。物联网与农业的结合打造了“智慧农业”,可以通过传感器采集农业生产现场的信息,进行综合分析,完成感知、预测、分析、决策和远程指导,最终实现农业生产的智能化。

在流通和消费上,“互联网 + 农业”模式打破了原本分隔开来的种植、饲养、加工、供应、销售等环节,使农业生产链条得到延伸,农工商的结合也由此更为紧密[1]。原本的产业链由不同主体把控,农产品价格在经历各个环节之后被逐级提高,而“互联网 + 农业”的生产模式将打破各个环节之间的分裂局面,通过互联网手段简化中间环节,实现利润的再分配。

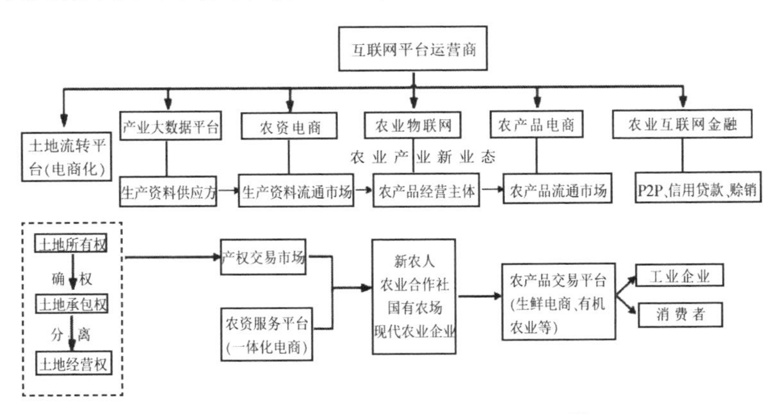

互联网模式下全新农业产业链[2]

[1] 成德宁,汪浩,黄杨.“互联网 + 农业”背景下我国农业产业链的改造与升级 [J]. 农村经济,2017(5):52-57.

[2] 李国英.产业互联网模式下现代农业产业发展路径 [J]. 现代经济探讨,2015(7):77-82.

三、现代智慧农业生产

“互联网 + 农业”形成智慧农业，智慧农业是指在应用现代信息技术成果，集成应用计算机与网络技术、物联网技术、音视频技术、3S 技术、无线通信技术及专家智慧与知识，实现农业生产环境的智能感知、智能预警、智能决策、智能分析、专家在线指导，为农业生产提供精准化种植、可视化管理、智能化决策，实现更完备的信息化基础支撑、更透彻的农业信息感知、更集中的数据资源、更广泛的互联互通、更深入的智能控制、更贴心的公众服务[1]。

3S 技术

3S 技术是遥感技术（Remote sensing，RS）、地理信息系统（Geography information systems，GIS）和全球定位系统（Global positioning systems，GPS）的统称，是空间技术、传感器技术、卫星定位与导航技术、计算机技术和通信技术相结合，多学科高度集成的对空间信息进行采集、处理、管理、分析、表达、传播和应用的现代信息技术。

[1] 胥付生，秦关召，陈勇．互联网 + 现代农业 [M]. 北京：中国农业科学技术出版社，2016.

（一）互联网＋智慧水产

水产养殖与互联网相结合形成了“智慧水产”[1]。“互联网＋智慧水产”系统运用云计算、物联网、大数据等新一代信息技术，从生产、经营、管理等环节开展水产养殖物联网监控服务、养殖技术服务、专家咨询等，实现养殖全程信息化监测、智能化控制、科学化决策、精准化服务等。水产养殖物联网监控服务利用传感器、数据采集终端对水中溶解氧、pH值、电导率、温度、氨氮、水位、叶绿素等进行采集分析，提高对水质的精准监控，便于及时调整，满足水产养殖需求。陆基工厂循环水精准养殖、网箱精准自动化养殖均为智慧水产提供了新的发展方向。在此基础上，水产品电子商务也得以快速发展。

（二）互联网＋智慧畜牧

伴随着移动互联网、物联网、大数据、人工智能、云计算等尖端科技的创新应用，无人值守牧场成为畜牧业未来的发展方向。这对劳动力的需求下降，而且畜牧业—工业—信息业融合的生产、经营、管理、服务模式使得畜禽数量和质量都得到提升，劳动生产率也大幅上升[2]。

基于云计算和大数据的智能服务平台实现了全方位数据采

---

[1] 肖乐，李明爽，李振龙．我国“互联网＋水产养殖”发展现状与路径研究[J]．渔业现代化，2016，43（3）：7-11.

[2] 顾玲艳，李鹏，许永斌．畜牧业互联网＋战略实施现状与建议[J]．中国畜牧杂志，2015，51（22）：15-19.

集，包括饲料、活畜禽和畜产品价格、销售、库存、运输、繁殖管理、自动喂养、自动分群、自动发情监测、机器人配种、疫病监测等实时动态信息。先进传感、智能机器人的使用使得“无人值守牧场”成为可能，传感器、自控设备对畜禽和周围环境实现不间断感知，接入互联网和物联网，农场主可以实时掌控被智能处理后的数据信息。智能机器人可以代替劳动力完成放牧、挤奶、看病等工作，减少了劳动力需求，高端的技术及时精准地捕捉到畜禽身体等方面的信息，减少畜牧业的养殖风险。

（三）互联网 + 种植业

智慧精准农业成为当前世界农业发展的新潮流，是信息技术通过定时、定量、定位实现现代化农事操作技术与管理的系统，包括农田信息快速获取技术、田间变量施肥技术、精准灌溉技术、精准管理远程诊断技术、作物生长监控与产量预测技术等。

全球定位系统主要对农庄的田地范围、耕种路线做技术支持，地理信息系统为农作物精准管理空间信息数据库作保障，遥感技术可以实现农作物生长环境、生长状况和空间变异的监测，农情监测系统实现了大田作物灾情、墒情、苗情以及病虫情的监测和信息处理传输，作物生产管理专家决策系统借助数据库、知识库提供作物生长过程模拟，智能化农业机械装备技术实现了土地精密平整、深耕、精密播种、变量施肥、变量洒药、收获测产等精准农业需求。

当下种植业的智能化主要体现在农情自动获取及智能处理，

未来农场管理人员和农技专家可以足不出户实现对农场状况的监测判断，为施肥、浇水、打药和收获提供数据化依据，各类依托信息技术的墒情传感器、苗情灾情摄像机等先进设备可以对每个监测点的参数实时监测管理，为种植业提供智能化、自动化决策。无人驾驶农机、全自动无人农场都将在信息化与农业进一步融合下得到广泛使用。在销售上，互联网影响电商模式，通过 B2B，B2C 的形式提供网上交易、电子支付、物流配送，使得产供销三个环节紧密联系，减少中间环节的消耗，降低成本，提升了效益。

（四）互联网 + 休闲农业

乡村风情风貌、农民劳动生活、农业产业特点在城市化进程加速的当下成为独特的自然景观，催生了休闲农业的发展。互联网为农业旅游提供了推广的新形式，借助计算机、手机，农业旅游的影响力扩大。农业旅游通过线上信息展示、营销、互动、服务、预订、下单，联合线下实地体验，满足了消费者多元化、个性化的旅游需求，形成农村经济新的增长点。目前，休闲农业已成为城市居民旅游和旅居的热门选择，促进农业强、农村美、农民富、市民乐的作用越来越大。

（五）互联网 + 园艺

“互联网 + 园艺”主要通过园艺物联网实现，在智能设施下，信息化与智能化全面结合，对温度、光照、通风、二氧化碳进行感应，将数据传递给终端，实现供水、施肥、环境的监控，便于及时采取措施，从而提升产品产量与质量。园艺对于灌溉有着较高的要求,高端信息技术可以通过智能化、精准化的手段提供恰到好处的水分,定时定量供给,既节水、节肥又有较好的收益。物联网还可以实现花卉保鲜库环境的动态监测,对环境温度、湿度进行及时调控,便于管理人员调节。

四、智慧农业经营管理

(一)智慧农业管理

智慧农业管理体现在对各个行业的管理上,即对种植业、渔业、畜牧业等农业各行业进行综合性的系统管理,实现各个行业管理的科学化、信息化、智能化,这主要包括对实时动态信息的采集、存储、整合分析,最后采取相应的指挥调度。

此外,还可以利用互联网建设农用地资源管理信息系统,可以实现对农用地资源、水资源、气候资源和生物资源等农业资源的管理。这方面的管理主要从规范土地流转、稳定和完善农村基本经营制度、保障农民土地承包权益等方面入手,通过建立土地流转公共服务平台对土地流转信息实时查询,健全信息交流机制,建立政策咨询机制,完善价格评估机制,增强公开透明性、实时性、可回溯性,实际解决耕地面积缩小、资源利用率低等问题。

伴随着互联网技术的发展,农产品质量安全问题可以依靠对农产品生产、加工、流通等各个环节的全程追踪、监测和预警预防得到解决。RFID 信息技术、WSN 物联网技术、ZigBee 无线技术、

EPC全球产品电子代码编码体系、物流跟踪定位技术成为主要的农产品质量安全溯源系统[1]。

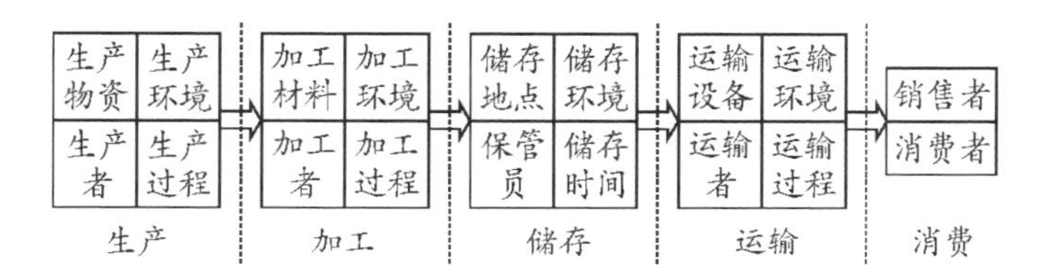

农产品质量安全追溯体系[2]

（二）智慧农业服务

除了利用大数据对农业进行生产管理，互联网技术还可以通过提供农业信息服务减少市场交易风险，提高农业生产流通销售的效率。信息也是农业产业链中重要且无形的一环。

当前，“互联网＋现代农业”信息平台建设从农业科技创新、农民教育培训、基层农技推广、现代农业产业技术体系等方面提供信息，实现信息互联互通，形成业务信息交换与报送机制，达到规范化、动态化、网络化的目标[3]。

可通过传统媒体和互联网等新媒体向农民提供公共信息服务，另外提供流动性的农业信息服务站、科普刊物、农村科技培

[1] 胥付生，秦关召，陈勇．互联网＋现代农业[M]．北京：中国农业科学技术出版社，2016.

[2] 胡亚兰，张荣．我国智慧农业的运营模式、问题与战略对策[J]．经济体制改革，2017（4）：70−76.

[3] 杨继瑞，薛晓，汪锐．“互联网＋现代农业”的经营思维与创新路径[J]．经济纵横，2016（1）：78−81.

训，更好地开展信息搜索、生产、加工及传播等服务工作，其内容涵盖农业政策、农产品市场、农业科技、农业保险等，对于新型职业农民，通过互联网和移动互联网在线培训，创新培育模式，以此解决农村生产问题并提高农民生活质量。在农技服务上，采用“云种养”及“云管家”的形式提供咨询服务，汇集全国农业专家解决种植养殖过程中的问题。

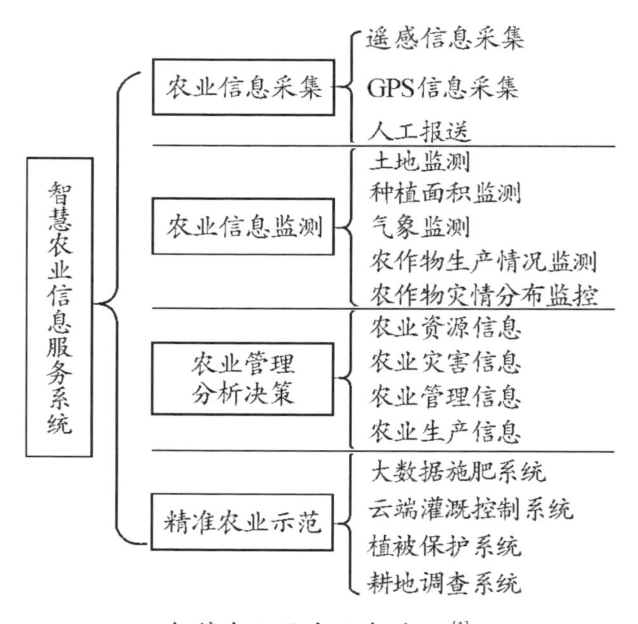

智慧农业信息服务系统[1]

[1] 胡亚兰，张荣．我国智慧农业的运营模式、问题与战略对策 [J]. 经济体制改革，2017（4）：70−76.

“数字乡村”惠农家

（三）农业电商

当前农业发展现代化程度不断加深，信息化水平不断提高，农业市场的开拓成为主要现象，电子商务模式通过线上开展商务活动，完成了信息浏览、咨询、互动、采购等环节，通过便捷的物流运输到家门口。交易过程中买卖双方通过电子商务平台进行咨询，在网络上完成支付结算，实现了现代信息技术、网络技术和传统农产品生产贸易的结合，这大大降低了成本，提高效率，扩大市场范围，完善农业价值链。

农户可以通过互联网与市场紧密联系，了解消费者的偏好及需求，提高生产的敏捷性和适应性。电子商务的模式改善了传统农产品生产销售的时空限制，拉动农村经济发展，减少了农产品价格波动的风险，具有广阔的发展前景和意义。例如，生鲜食品对运输物流的要求较高，冷链物流既可保持食品的新鲜，又可保证速度，这需要依靠信息技术的进一步发展得到实现。

未来，智能化将成为农业现代化发展的有力支撑，信息技术、智能技术与农业生产、经营、管理、服务全面深度融合，我国农业发展将顺应这一浪潮，抓住信息化网络化的机遇实现跨越式发展。

第三节 网络化信息化与商业电子化

你知道吗？

随着信息时代的到来，原有的商业经济形态下形成的经营模式受到巨大的冲击，信息越发成为主导全球商业经济的基础，各类经营活动越来越需要围绕着信息的获取、加工、传递和利用来展开。

一、网络化信息化与电子商务

网络化、信息化在推动经济社会发展的同时，也给人们的生活带来了极大的方便。电子商务不仅出现在全球各地的贸易活动中，帮助商户实现快捷的网上交易，还可让消费者实现网上购物，体会网络化带给生活的便利。电子商务已经超出作为一种商业贸易形式的价值，它不仅影响了企业本身的运营模式，还改变了社会的经济运行方式。

（一）什么是电子商务

电子商务，就是指通过互联网等信息网络销售商品或者提供服务的经营活动。电子商务，让人们从衣服、零食到水果、蔬菜等，只需在购物网站或外卖 App 上下单，便可足不出户轻松获得。

随着电子商务的发展，出现了 B2B、B2C、C2C、O2O 等多种电子商务模式。B2B，是 Business-to-Business 的缩写，即“商对商”，是指商家和商家之间利用互联网或专用网络进行交易的电子商务模式，阿里巴巴是其代表。B2C，是 Business-to-Consumer 的缩写，即“商对客”，是商家利用互联网向消费者出售产品和服务的商业模式，它一般以零售为主，亚马逊和天猫就是这种模式。C2C，是 Consumer-to-Consumer 的缩写，它是指消费者之间利用网络进行交易的电子商务模式，淘宝就是 C2C 模式。O2O，是 Online-to-Offline 的缩写，它代表了线上到线下，即把线下商务与互联网相结合，打造一个既涉及线上又涉及线下的平台或产业链的电子商务模式，美团、饿了么这类软件都属于这种模式。

（二）我国电子商务的发展现状

从宏观角度来看，电子商务在推动传统产业转型、提高市场资源配置、增进贸易便利化等方面发挥着越来越重要的作用。近二十年来，我国电子商务实现了跨越式的增长，电子商务的“交易规模连续五年增速超过 35%，网络零售额连续三年位居世界第一，实物商品网络零售额占社会消费品零售总额比例超过了十分之一”，成为促进我国经济增长的新动力。在此背景下，新的商业主体、新的经济模式也不断出现，中国经济越来越离不开电子商务。

随着我国网络购物用户和手机网络支付用户规模的持续扩大,人们的消费方式包括消费渠道和支付方式发生了相当大的变化,网络购物和移动支付的比例越来越大,互联网技术的进步显著推动了在线电商的发展。中国互联网络信息中心发布的第46次《中国互联网络发展状况统计报告》显示,截至2020年6月,我国网民规模为9.40亿,网络购物用户规模为7.49亿,2019年网络购物交易规模为10.63万亿元,证明我国零售业市场仍有较大发展潜力,消费者网购习惯已经培养起来,并刺激零售业不断升级发展。

(三)我国电子商务存在的问题

我国的电子商务无论是从交易规模、零售额还是交易人数来说,都位居世界前列,但是它也面临着总体增速放缓、政策挑战日益明显、专业性人才短缺、国内外市场发展不平衡及市场竞争环境尚待完善等一系列问题。

首先,我国的传统企业尚未形成全面数字化和网络化的电子商务系统,企业内部和外部的资源不能得到很好结合。只有将信息化、网络化的电子商务平台与线下资源相结合,才可以更好地为社会公众服务。随着电子商务的进一步发展,其业务范围也不再局限于在线商务,而是拓展到物流、供应链管理等行业以及财税、保险、海关、银行等部门。然而,我国现行的法律法规却没能跟上电子商务发展的脚步,不恰当和不适应的部分尚未得到及时修正。

电子商务作为近年兴起的热门产业，专业性的电商人才必不可缺。虽然国家和高校认识到这一产业的发展前景，成立了相关专业，一些培训机构也随之开设了相关课程，但是作为一个包含多行业知识的综合性专业，培养成熟的专业性、复合型人才，并非一朝一夕可以完成。

（四）我国电子商务的发展趋势

伴随着信息化和网络化的发展进程，数字经济得到了飞速发展、科技革命为产业升级打造了新的场景，经济全球化为世界商业创造了新的需求，我国的电子商务也将拥有更多的发展机会。

当前，我国正处于经济转型升级的发展阶段，一方面，传统产业向新的商业模式转变的过程中，可以借助电子商务的作用；另一方面，电子商务也可以实现结构的进一步优化。比如工业在转型的过程中，可以选择网上交易，打造包括物流、供应链等在内的全新生态环境，提高行业效率；而电商企业比如拼多多，则可以继续开拓四五线城市及农村市场，方便乡镇居民网络消费，开拓新的成长空间。未来，我国电商与各行各业的融合将会进一步加速，新的产业体系也将出现。

我国电商行业参与人群集中于中青年，他们在消费时更加追求多样化和个性化，而且，随着我国居民人均收入的增加，消费者越来越注重网购的品质和服务，这些需求的出现会改变现有电子商务市场结构，使其更有针对性也更加规范化。新媒体与电子商务的结合，使得电商的形式有了新的变化，网红电商、直播电商的出现使得电商渠道更加多元化。随着大数据、云计算、人工智能及虚拟现实等技术的进一步发展,电子商务模式也将迎来进一步的创新,多元化发展会更加明显。

跨境电商在我国已经成为一种常见的商务模式,海外仓、免税区的出现,使得越来越多的海外生产者有机会将自己的产品通过网络平台输入我国。随着"一带一路"倡议的实施,网上丝绸之路的建设进程加快,我国也有更多的渠道将自己的产品远销海外。因此,我国的电子商务将会越来越国际化。

二、网络化信息化与网络支付

电子商务和网络支付二者密不可分,网络支付的出现推动了电子商务的普及,电子商务又促进了网络支付的进一步发展。

(一)什么是网络支付

网络支付,是指交易参与者,买方、卖方及中介平台,通过安全的电子支付手段在网络上进行货币支付及资金流转。网络支付与传统支付最大的差别就在于数字化,前者利用先进技术通过数字流转实现款项支付,后者则是通过现金或票据等物理实体的流转实现款项支付。网络支付采用最先进的通信手段,在开放的互联网平台中完成;传统支付,则通过传统通信媒介在一个相对封闭的系统中实现。

目前,常见的网络支付方式有网银支付、第三方支付及移动支付等。随着我国移动互联网用户数量的增加、智能手机等移动终端的进一步普及，移动支付将会成为支付的主要形式，全面进入人们的生活。如今的中国，无论是网上购物还是线下消费，无论是宅在家中还是户外出行，都可通过网络完成支付，网络支付极大地方便了人们的日常生活。

（二）我国网络支付的发展现状

根据中国互联网络信息中心发布的第46次《中国互联网络发展状况统计报告》，截至2020年6月，我国网络支付用户高达8.05亿，较2018年年底增长2.05亿，占网民总数的85.7%，其中，手机网络支付用户规模高达8.02亿，比2018年年底增长2.19亿，占手机网民整体的86%。2019年，网络支付覆盖领域日渐广泛，开始加速向垂直化应用场景拓展，推动实体经济与数字经济融合发展。

网络支付业务稳步增长，有力拉动消费升级。一是网络支付业务继续保持较快增长速度。数据显示 ，2019年，非银行支付机构处理网络支付业务7199.98亿笔，处理业务金额249.88万亿元，同比分别增长35.7%和20.1%。二是移动支付有力拉动消费增长。大众日常生活与非现金支付工具联系日益紧密，重塑了居民的消费行为，变革了企业的商业模式，并在很大程度上带动了居民的消费增长。三是移动支付优化了家庭消费结构。移动支付可促进我国家庭消费增长16.0%，让恩格尔系数降低1.7%，同时还使得文化、娱乐、教育等发展型消费出现大幅增长，幅度明显

无处不在的网络支付

高于衣着、居住、食品等生存性消费。

目前，国内网络支付市场竞争激烈，除了支付宝、微信财付通等市场占有率较高的第三方支付平台，还有很多背景不同的网络支付平台。电信运营商移动、联通及电信，手机厂商苹果、华为、小米，都有各自的支付软件。各大商业银行及银联也在开发自己的App，极力发展线上支付业务，比如银联推出的App“云闪付”，上线一年用户超过一亿人。随着技术的进步，大数据、人工智能与生物科学都对网络支付产生影响，促使支付方式越来越多元化。二维码支付、人脸识别支付、小额免密支付、指纹识别支付等多种支付方式不断出现，安全性、可靠性也在逐步提高。

三、网络化信息化与数字经济

近年来，互联网产业的发展带来了新的经济模式，使得国民经济的增长有了新的推动力，信息化作为时代发展趋势，使得全球经济向着数字化方向发展，数字经济逐渐成为各国的核心竞争力之一。中国作为数字经济的践行者，也在多个方面取得了全球领先的地位。

（一）什么是数字经济

数字经济是一个广泛运用数字技术的系统，它给整个社会的经济环境和经济活动都带来了根本性的改变，其本质是信息化。数字经济使得我们固有的生产和组织形式都受到了挑战，其将政治、经济以及社会的信息和商务活动都作了数字化的改造。

数字经济主要以互联网公司为代表,它们通常会同时横跨多个领域。比如,阿里巴巴的业务就涉及了内容制作、娱乐、电商和金融等多个领域,打造了一个包括粉丝经济、大数据技术、投融资在内的全产业链平台。传统的工业、制造业也在积极寻求与互联网相融合,进行技术创新和商业模式重构,进而实现数字化革命。随着数字经济的发展,人们的生活变得更加便捷,扫码支付、共享单车等都是在数字技术发展的过程中出现的。

(二)我国数字经济的发展现状

根据中国信息通信研究院发布的《中国数字经济发展白皮书(2020年)》中的数据,2019年我国数字经济增加值规模达35.8万亿元,占GDP比重的36.2%,同比提升1.4个百分点,按可比口径计算,2019年我国数字经济名义增长15.6%,高于同期GDP名义增速约7.85个百分点,数字经济在国民经济中的地位进一步凸显,贡献不断增强。

美国作为世界数字经济的领先者,在数字经济领域开创了很多新的商业模式。比如,电商巨头亚马逊开设线下书店后,国内阿里巴巴和京东模仿这种模式,不约而同地打造了自己的线下实体店。美国经济实力雄厚,在原有基础上打造新的商业模式并非难事,中国虽为后来者,但拓展业务的速度和规模已经远远超过美国。因此,世界上很多国家,包括欧美发达国家都开始学习中国数字经济的发展模式及商业模式。比如在国内应用非常广泛的二维码,就是中国在数字经济方面领先于美国的一个例子。

不过,尽管我国数字经济增速较快,占 GDP 的比重也在不断提高,但是总量仍然低于其他主要国家,而且存在行业之间不平衡的问题。目前,在数字内容、金融、通信技术领域,中国的数字化程度最高。在一些商业化程度较高的行业,比如移动支付等,中国的数字化程度排在世界前列。在与政府相关的领域,医疗、教育等行业,虽然数字化程度各不相同,但整体产业数字化指数高于西方国家。在资本密集的机械、石油、化工、房地产、农业等产业中,中国的数字化程度并不高。尽管中国数字化产业整体发展程度不如西方国家,但因我国对互联网和信息产业的重视,加上一系列有利政策的扶持,我国数字经济规模与发达国家的差距正在逐步缩小。

第四节 网络化信息化与产业管理现代化

你知道吗？

“科学技术是第一生产力”。目前我国正在积极建设现代信息技术产业体系，加大对人工智能、云计算、大数据、5G等核心技术的研发力度，推进各大产业实现现代化的经营和管理。

一、网络化信息化与物联网

物联网，作为信息技术应用最为广泛的新兴产业之一，其市场规模正在逐步扩大。在我国，随着技术的不断进步、行业标准的进一步完善，以及国家相关政策的出台，物联网产业保持着良好的发展态势，不断推动我国经济的增长。

（一）什么是物联网

物联网（The Internet of Things，IoT），是以互联网为核心和基础，旨在实现物与物在任何时间、任何地点的互联互通，进行无所不在的计算，成为无所不在的网络。5G时代物联网将实现毫秒量级的端到端时延和可达海量的连接数，无限拉近人与人、人与

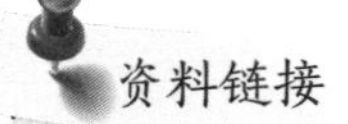

目前，国际标准化组织已经定义了5G的三大应用场景，其中eMBB是指3D超高清视频等大流量移动宽带业务，mMTC是指大规模物联网业务，uRLLC是指需要低延迟的业务，如无人驾驶和工业自动化。这三个主要的应用场景指向不同的领域，涵盖了我们工作和生活的各个方面。

物、物与物之间的距离。比如，5G车路协同自动驾驶，5G遥控机器人高危作业，5G无人机巡检电网、油气管道，5G增强现实辅助加工，过去不敢想象的场景正在变为现实。这也是5G网络三大应用场景eMBB、mMTC和uRLLC中的两个面向物联网和工业级应用领域的成果。

物联网的应用领域相当广泛，从交通、物流、工业制造到生物医疗、企业管理，只要将现实事物打上电子标签，上传至物联网，便可由专业人员对其具体信息进行管理和控制，或将这些信息汇聚至大数据系统，进行统一分析和处理。物联网，打造了一个“人与人”“人与物”“物与物”互联互通的场景。

（二）我国物联网的发展现状

物联网，在我国尚处于发展初期，尚未形成完整的技术体系和行业标准。但我国发展物联网所需的自动控制、信息传感等技术，都已经基本成熟，建立物联网所需要的芯片、传感器等都已经具备，因此我国物联网未来会有较高速度的发展。

目前，物联网在我国已经发展应用到多个领域。家居、零售、农业、物流、安防等领域，开始出现结合物联网技术的新产品或者新的商业模式。随着“物联网 + 行业应用”的进一步深入，智能家居、工业物联网、智能安防等不断成熟，物联网产品也进一步向着智能化、便捷化及高效率化的方向演进。

物联网时代的商业模式，是将人、物品及物联网技术结合起来而形成的。随着行业应用的进一步推广和完善，能够得到多方认可的物联网平台将会出现。该平台将会融合设备供应商、研发机构、通信运营商、软件供应商等多方参与者，允许不同种类和品牌的产品使用不同接口按照多种连接标准进入平台，向用户提供全面的信息和完善的服务。物联网作为万物互联的网络，应该放宽连入接口，尽可能地为更多商品提供连接支持，以便获取可以应用大数据分析的海量信息，提高企业和社会处理事务的效率。

二、网络化信息化与人工智能

第四次工业革命带来了人工智能的浪潮，从苹果手机推出人工智能手机助手 Siri 到谷歌公司的围棋人工智能程序 AlphaGo 战胜世界排名第一的中国棋手柯洁，从前出现在小说和电影里的技术正在步入人们的生活。

（一）什么是人工智能

人工智能，这一概念最早提出于 1956 年，源自一批研究机器模拟人类智能的年轻科学家。作为一门新的技术科学，人工智能属于计算机科学，主要研究和开发用于模拟、延伸和拓展人类智能的理论、方法、技术及应用系统。从广义而言，人工智能使得计算机可以呈现出人脑思维的效果，从狭义上来看，人工智能特指人工智能产业及人工智能技术。

近年来，随着这一技术的不断发展及取得的一系列成果，人工智能在理论和实践上均被视为一个独立的系统。其所涉及的不仅有自然科学还有社会科学，包括计算机科学、心理学、哲学等多个学科的知识。当前，人工智能已被应用于智能搜索、自动程序设计、人脸识别、专家系统等多个领域。

人工智能与多学科融合及应用

根据人工智能的定义，可将人工智能分为强人工智能、弱人工智能两大类。强人工智能，是指可以制造出能够推理并解决问题的智能机器，这种机器有知觉及自己的意识，可能具有和人一样的思维方式并可能产生了与人类完全不同的思维方式。弱人工智能，是指人类没有办法制造出具有自主意识的机器，它只是按照人类设定的程序执行动作。目前，主流学者对于人工智能的研究主要集中在弱人工智能这一领域。

（二）我国人工智能的发展现状

我国对人工智能的关注程度非常高，政府不仅出台了一系列的政策，如《新一代人工智能发展规划》，还投入了大量的资金去推进这一产业的发展。全国多个省市也纷纷发布了各自的人工智能规划并设置了产业规模发展目标，未来人工智能产业将会有非常广阔的市场。

随着一系列利好政策的出台及信息技术的发展，我国在人工智能领域取得的成就不断出现。根据中国人工智能产业发展联盟的数据，我国人工智能相关专利申请数量不断增加，已超过14.4万件，占全球申请总量的43.4%，居世界榜首。我国企业在人工智能芯片的研发上也频传佳音，专注于人工智能领域的企业数量在不断增加，它们所涉及的行业范围也越来越广。

目前，人工智能已应用到金融、零售、医疗、教育、安防等多个行业，形成了适用于各自领域的产品。在金融领域，人工智能可以进行人脸识别、大数据风控和行研报告撰写等工作；在零售领域，人工智能可以在收益管理、供应链管理、线下客流分析及线下商品识别等方面发挥作用；在医疗领域，人工智能通过算法等技术可以使用语音识别技术录入病例、对医疗影像进行综合分析、对公众进行健康管理；在传统制造业，企业可以利用人工智能技术进行产品性能参数优化、设备全生命周期管理和商品智能分拣等工作。当前国内多家互联网巨头，比如百度，在大力研发机器学习平台，希望可以进一步提高信息处理效率，提高用户使用产品的便捷程度,改善用户使用感受。

三、网络化信息化与大数据

“谁掌握了数据,谁就掌握了主动权”,习总书记的表述充分说明数据对于一个国家的重要性。大数据不仅可以帮助政府制定相关政策,推动社会改革,还可以通过信息流带动资金流、技术流、人才流,实现资源的有序配置。大数据技术的发展有利于我国经济结构的调整和升级,使网络化和信息化的成果更好地展现给公众,服务于公众。大数据与实体经济结合,可以为经济发展创造新的增长点,有利于我国提高科技创新速度,建立数字化、智慧化的网络强国。

(一)什么是大数据

大数据这一概念,由维克托·迈尔-舍恩伯格等人于2008年提出,它是巨量数据的集合,无法在一定的时间范围内使用常规的软件工具进行捕捉、管理和处理的数据集合,具有规模大、流转率高、真实性强和形式丰富等特点。大数据不仅仅意味着海

资料链接

维克托·迈尔-舍恩伯格,奥地利学者,现任牛津大学网络学院互联网治理与监管专业教授,曾出版《大数据时代》一书,是最早洞见大数据时代发展趋势的数据科学家之一,被誉为“大数据商业应用第一人”。

量的数据，还包含着对这些数据进行专业化处理后得到的信息，数据加工处理后得出具体的分析结果，才能实现信息的价值增值。目前，大数据技术已经应用到医疗、交通、金融、零售等多个领域。比如，加拿大一家医院利用大数据技术对早产婴儿可能出现的问题进行分析，通过进行每秒 3000 次以上的数据读取，预测早产婴儿未来可能会有的疾病并采取针对性措施，以此来降低早产婴儿的死亡率。

（二）我国大数据的发展现状

目前我国已经形成了八个国家大数据综合试验区，拥有京津冀、长三角、珠三角、中西部地区四个集聚区域。东部地区因为具有良好的信息通信技术产业，其大数据发展水平较高，西部地区的大数据紧随其后，而中部和东北地区的大数据技术较为落后。北京作为国家的政治、教育及科技中心，其大数据发展位于国家首位，且在大数据技术研发、资源、发展环境等方面也位于国家前列。广东、上海、山东等省市也都成立了省级的大数据管理机构，通过整合数据信息，挖掘数据价值。

目前，我国不断涌现出众多应对大数据存储、查询及处理功能的芯片研发公司，大到国内领先的互联网公司腾讯、百度、阿里巴巴及四大电信运营商，小到创业型公司，都在大数据技术研发方面投入了大量资金，数据仓库、云计算等技术的出现，进一步促进了大数据应用的落地，使其覆盖面越来越广。大数据技术现在涉及方方面面，其中在金融、电信、政务等领域发展水平较高，在教育、旅游和农业领域发展水平相对较低。目前,我国的大数据企业呈现出“金字塔”式的分布结构,顶层的大数据企业数量较少,中高层的龙头企业发展态势良好。随着相关技术的普及,不断有新的企业进入大数据产业,使得金字塔底端的活力不断增加,而且独角兽公司的发展速度更快,已成为“金字塔”的中流砥柱。

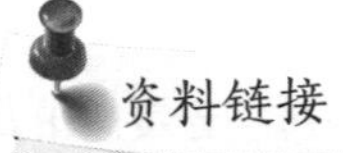

独角兽公司

独角兽这一概念来源于神话故事,这种动物稀少且珍贵。独角兽公司指估值达到10亿美元以上,并且创办时间相对较短且还未上市的公司。

四、网络化信息化与云计算

大数据与云计算,就像手心手背无法分割。因为信息的海量性,大数据必须采取分布式架构进行数据挖掘,一台计算机根本无法完成巨量的工作,必须通过云计算进行分布式处理。云计算作为互联网时代信息技术发展的产物,不仅改变了人们的工作方式,也改变了传统的商业模式。甚至有学者预言,未来随着Web技术的不断发展,云计算将会变得更重要。

(一)什么是云计算

理解云计算,需要首先了解什么是“云”。“云”是一种互联网和底层基础设施的抽象，使得各种信息通过互联网进行流通。“云”是一个提供资源的系统，它所包含的资源对于使用者而言可以随时随地无限扩充。随着传统应用面对的用户越来越多，接收和处理的数据也就越来越多，这不仅需要更加高效的计算能力和稳定的承受系统，还需要各种存储和处理数据的硬件设备，比如服务器、存储器等，但是这些硬件设备不仅有购置成本也需要高昂的维护成本，在此情形下，云和云计算也就应运而生了。

云带来了一种新的计算模式——云计算，它改变了原有的存储和处理方式。云计算作为分布式计算的一个分支，它通过互联网将巨大的处理程序拆解为无数个小程序，并利用多个服务器构成的系统进行分析处理，最终将结果反馈给用户。云计算的使用者可以利用这项技术，在极短的时间内处理海量的信息，性能强大、高效便捷。

云计算被视为信息技术的第三次浪潮，它将信息化普及到公众的生活中，将传统的应用从电脑转移到云端，开创了新的经济时代。目前先进的云计算服务提供企业如谷歌、IBM、微软等大多位于信息技术发达的美国，导致其他国家尤其是发展中国家在技术和战略选择上受到较多的限制。因为云计算的发展，必然会使得全球各个国家的信息在很大程度上实现共享，国家的信息安全也会面临着一定的挑战。

（二）我国云计算的发展现状

近年来，全国云计算市场保持了稳定增长的态势。据中国信息通信研究院披露的数据,2017~2019 年,我国云计算行业的市场规模增速均在 30% 以上,呈高速增长态势。我国的云计算技术无论是从国家政策、产业结构、技术研发还是具体实践上都呈现出一片向好的发展势头。政府高度重视云计算产业的发展,多次出台相关政策鼓励、支持和引导相关产业及时转型,向更加数字化、信息化和网络化的方向发展。2019 年,我国云计算市场规模达 1334 亿元,同比增长 38.6%。未来,受益于新基建的推进,云计算行业仍将迎来黄金发展期。

我国云计算涉及的领域正在从互联网向政务、金融、工业等方向转移。政府利用云计算技术的高可靠性、高可扩展性及高通用性,借助企业建设的综合服务平台,从计算、存储、安全等方面不断发展电子政务,促进各个部门之间的信息沟通和业务协作。金融云则是由企业利用云计算技术为金融机构,如银行、保险、基金等提供信息技术资源及网络运维服务。目前,国内阿里巴巴、腾讯等多个企业已经开始着手打造中国的金融云系统。我国有多个地区正在积极建设工业云计算平台,以便推动当地经济产业的转型和发展。工业云可以被运用到产业链的各个环节,物联网、大数据和人工智能与云计算的结合,使得研发、制造、销售和维护都变得更加智能化,更加高效。

五、网络化信息化与5G

信息技术的创新，总会带来传播方式的变革，从而给人类社会带来翻天覆地的变化。新一轮数字化、网络化和智能化的信息技术革命正在席卷全球，新的通信技术与传统工业相结合已经成为历史发展的必然结果，其中5G作为信息技术革命的最新成果，在我国受到了广泛的关注。

（一）什么是5G

5G，第五代移动通信技术的简称，具有高速率、低时延和高可靠等特点。目前，5G已经进入国际标准制定的重要阶段，西方发达国家不约而同地给出了本国5G商用计划的过程单。

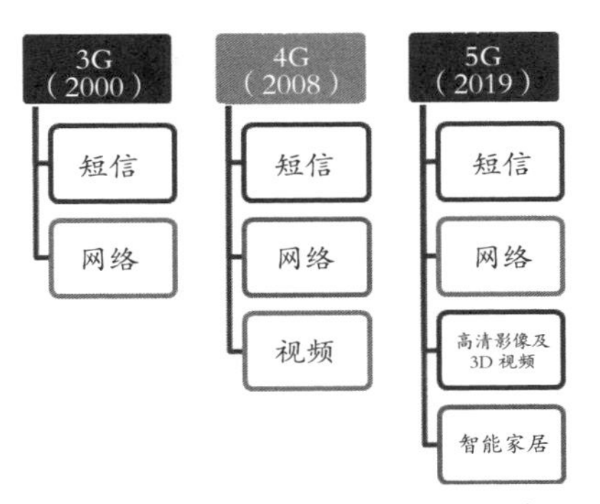

从3G时代到5G时代的演进

通信技术的每次变革都导致整个社会的发展进步。人类步入5G时代后，世界万物将会进一步连接，不仅仅是人与人之间可以通信，物与物、人与物之间也可以通信。网速将进一步提高，数据传输速度有可能达到每秒10GB，1至2秒可以下载一部高清电

从 3G 到 5G 的演进

影，人们可以轻松享受4K电视的魅力。智能家居有办法相互连接，人们生活更加便捷。

（二）我国5G的发展现状

中国的通信技术从2G时代的“搭上最后一班车”，3G时代的“陪跑”，到4G时代的“齐头并进”，再到5G时代的世界瞩目，可谓成绩斐然。5G可以推动经济社会各个方面的发展，其与工业、农业、交通等行业的结合，打造出了更多的创新模式和应用形式，比如工业方面，对设备的远程控制；农业方面，对土地情况进行跟踪、监测及自动化的操作；交通方面，出现自动驾驶汽车。这些都需要5G技术的支持。

由于认识到5G的重要性，我国政府早将5G放在国家战略层面，对5G的发展给予大力支持，使得中国企业可以跻身世界前列，并且在技术标准和规则制定等方面拥有一定的话语权。从2016年起，我国全面开展5G研发活动；2018年，首个5G国际标准公布，我国企业多项技术方案进入国际核心标准规范。5G芯片的研发提上日程，华为、联发科等多家企业都制定了自己的发展路线。截至2019年3月，全球5G专利申请数量中，中国约占三成，居世界首位。

中国互联网络信息中心发布的第45次《中国互联网络发展状况统计报告》显示，我国5G商业化的全面启动将有力推动科技产业创新升级。截至2019年12月，我国已建成5G基站13万余个，5G产业链推动人工智能与物联网结合发展到智联网。人工智能技术在我国的快速发展,将成为赢得全球科技竞争主动权的重要战略抓手。2019 年,我国人工智能企业数量超过 4000 家,位列全球第二,在智能制造和车联网等应用领域优势明显。中国华为技术有限公司在世界 5G 市场占有率稳居第一,但其海外业务拓展却因遭到美国、澳大利亚等国以国家安全为借口的抵制而被重重封锁。

不同于 2G、3G 和 4G,5G 集成了多种新型无线接入技术和现有无线接入技术,它是真正意义上的融合网络,将前几代移动通信的优点都集于一身。中国发展 5G,不只局限于提高通信速度和效率,而是期待在实现万物互联后带来整个社会的效率提高、人民生活水平的提高和综合国力的提升。

第五节 网络化信息化与社会管理现代化

你知道吗？

随着大数据时代的到来，信息技术日益渗透到社会的各个领域，在我国产业领域和社会管理中发挥着越来越重要的作用，推动了管理工作走向规范化和现代化。互联网深刻地改变了社会，也深刻地改变了人们的思维方式。以互联网为核心的现代信息技术的高速发展，既给我们带来了社会管理的新问题、新挑战，也为创新管理方式提供了新手段。推进国家治理体系和治理能力现代化必须树立“互联网+”思维，充分运用互联网来创新社会治理，全面推进平安中国建设，维护国家安全，确保人民安居乐业、社会安定有序。

一、网络化信息化与智慧城市

在物联网、人工智能及大数据等新兴技术逐渐深入日常生活的过程中，出现了城镇化与信息化相结合的产物——智慧城市。它实现了各种信息平台的互联互通、协同发展，并通过运用信息和通信技术，检测、分析和整合整个城市当前的运行状况，从而对城市的民生、环保、公共安全及城市服务做出智能响应。可以说，信息化的智慧城市打造了城市运营和管理的新模式。

（一）什么是智慧城市

智慧城市源于2008年，是在IBM提出智慧地球这一概念之后出现的。它运用物联网、云计算等技术手段，将城市系统打通，以便提高社会资源的利用效率、优化城市的管理和服务，改善民众的生活质量。这种城市信息化的高级形态，强调以人为本和智慧参与，有利于缓解人口膨胀所带来的交通拥挤、住房紧张、环境污染和资源短缺等问题，促进城市发展和社会的可持续发展。

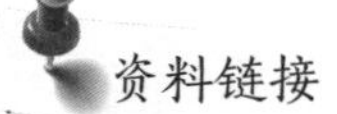

智慧地球

智慧地球由物联化、互联化、智能化三个要素组成，强调将信息技术运用到社会的方方面面。在生活的各个场景中装配感应器，使用物联网进行连接，再通过超级计算机和云计算技术进行分析，以便人们可以更加高效地生活，进而在全世界提高“智慧水平”，最终实现“智慧地球”。

智慧城市形成，有两大驱动因素，一个是技术创新，物联网、云计算、大数据及互联网等新一代信息技术；另一个就是社会创新，即在知识社会环境下发展起来的城市生态系统。两大因素的结合，可以使得城市建设更加低碳环保、高效节能。

智慧城市

（二）我国智慧城市的发展现状

从2011年起，我国从中央到地方都纷纷出台了智慧城市发展规划，并给予一定的资金支持，为我国智慧城市的发展打造了良好的政治环境。2012年，我国开始组织城市开展申报智慧城市试点工作；2013年1月，首批90个国家智慧城市试点公布。2013年8月，确定103个城市为第二批国家智慧城市试点。2015年，第三批国家智慧城市试点名单公布，试点范围再次扩大。截至2017年年底，超过500个城市计划或正在建设智慧城市。

目前，我国智慧城市建设已经在全国范围内铺开，多个都市圈和城市群的智慧城市建设呈现出令人满意的结果，智慧交通、智慧医疗、智能物流等已经成为投资的热点选择，而且国内多个省市开始打造面向政府、企业和社会公众的智慧城市云服务平台，以便实现资源和数据的共享和交换，实现城市信息的高效传递和响应。

由于智慧城市产业链的覆盖面非常广，涉及安防、交通、医疗等从上游设计建设到下游实施应用方方面面的业务，因此，从事智慧城市建设工作的企业也非常多。2017年年底，我国智慧城市行业概念企业多达874家；2018年智慧城市板块的上市公司共有37家，其中有25家实现盈利。数据显示，2019年我国智慧城市的市场规模超过10万亿元，到2022年，会实现25万亿元的市场规模。

二、网络化信息化与智慧交通

人工智能、大数据及物联网等技术可以对人们出行的信息进行分析和预测,协助交通管理者更好地对车流情况进行决策,提高通行效率,实现交通智能化升级。共享单车和共享汽车将降低人们的出行成本,自动驾驶汽车将会出现,全新的出行方式逐渐普及。未来,随着智慧城市建设以及城市化的步伐越来越快,智慧交通将会解决城市交通问题,实现人、车、路的进一步协调高效运行。

(一)什么是智慧交通

智慧交通,是将物联网、云计算、空间感知等技术运用到交通运输系统中,将交通知识、系统理论等加以结合,通过科学方法建设一个动态的信息服务系统,深度挖掘交通数据,形成问题分析模型,优化行业资源配置,提高公共决策能力和公共服务能力,确保交通运输更加安全、便捷、环保、高效地运行和发展,带动交通产业及相关产业的转型升级。

作为智慧城市的重要组成部分,智慧交通将技术、业务、数据相融合,实现了多部门、多地域、多层级的结合,在信息化的基础上实现了智慧管理。智慧交通相较于智能交通,更注重人的作用,以人为本。随着智慧交通的出现,停车场逐渐与网络相连接,变得更加智能化和信息化。

人工智能可以对交通信息进行分析和预测,在对现有设施和服务进行智能化处理后,提高道路通行效率,实现交通智能化转型,比如交通信号灯可以根据交警微波、视频数据等分析道路通行情况,调节信号灯闪烁时间。道路视频监控系统通过设置卡口、电子警察、信息筛选等方式,可以帮助道路交通管理部门及其他相关部门,对交通事故原因进行分析,提前预警交通违法事件,协助公安部门对违法犯罪事件进行取证。GPS 系统可以对需要重点观察的车辆,如救护车、消防车等进行实时定位监控和调度,避免其他车辆的挡道、超速行为,合理安排路线,从而提高车辆的动态监控水平和管理效率,为车辆的出行安全和出行效率提供保障。

共享单车的智能系统可以将定位信息实时显示在地图上,方便用户用车,并在固定时间根据用户需求进行单车调度,有利于单车资源的充分利用。自驾出行时,车中会有人性化的提醒,比如在驾驶时间过长时,会有疲劳驾驶提醒;在车辆偏离既定路线时,会有路线纠正提醒;在与前车或行人相隔较近时,会有车距检测提醒。自动驾驶汽车将会出现在较为日常的生活中,而非仅限于特定场景。

(二)我国智慧交通的发展现状

我国的智慧交通发展拥有良好的政治基础,国家出台的《关于促进智慧城市健康发展的指导意见》中,把智慧交通作为未来十大领域智慧工程建设之一。我国大数据、云计算等相关技术发展迅速,移动互联网普及率高,为智慧交通的进一步发展提供了

智慧交通

强大的支撑。

随着我国城市化进程的展开，机动车数量呈现增长的趋势，道路堵塞等交通问题不断出现。据统计，北京每年因为交通拥堵带来的损失高达数千亿元，大约占到北京市GDP的5%。由此引发的一系列空气污染、交通摩擦等问题大大降低了人们的生活质量。因此，我国发展智慧交通势在必行。

智慧交通已经取得了一定的成绩，城市“牵手”互联网公司共同开启智慧城市新征程。高德地图和阿里云共同发布了“城市大脑·智慧交通”战略，这一战略将在50个城市实施，将来可能会为用户的出行节省10%的时间。

北京交管局和百度地图合作推出了一个“智慧蜂巢网格化管理系统”，这一系统可以对交通设施进行全面管理，帮助城市交通管理者更好地进行交通情况研判和信号控制。

目前，在智慧交通行业内部，竞争非常激烈，已经形成了以北京为中心的“京津圈”、以广州为中心的“珠三角圈”以及以上海为中心的“长三角圈”三大智慧交通商圈。

三、网络化信息化与智能家居

智能家居源于20世纪80年代的西方国家，进入我国后得到了快速发展,并随着我国住宅产业的发展逐步走向成熟。智能家居作为应用物联网、人工智能、云计算等前沿技术的朝阳产业,正在一步步推动人民生活朝着更加智能化的方向发展。

(一)什么是智能家居

智能家居属于智慧生活。智慧生活是指将先进技术融入人们的日常生活中,从而丰富吃、穿、玩、游、购、娱等生活场景。它包括智能社交、智能购物、智能办公、智能家居等。其中智能家居由于市场前景广阔,成为厂商竞争的“焦点”。

智能家居是指利用物联网技术把用户家中的设备,比如照明系统、空调控制、安防系统、数字影院系统等,连接到一个平台上,进而实现照明控制、家电控制、室内外遥控、防盗报警等功能。它是将用户的住宅当作一个平台,综合利用布线技术、网络通信技术、自动化技术等来实现设施集成,从而打造一个利民化、智能化的住宅管理系统,提高家居环境的环保性、安全性、舒适性和艺术性。

智能家居产品涉及人们生活的方方面面。智能马桶、智能灯泡、智能门锁、智能开关、智能机顶盒、智能网关、无线血压仪、无线胎心仪、无线心电仪 …… 这些都属于智能家居产品。与传统家居相比,智能家居不仅可以满足用户对于产品的基本需求,还可以实现产品的全方位信息交互。通过信息交互,在一个产品或者平台上共享其他产品的信息,这样智能家居可以在一定程度上为用户节省使用家电等产品的资金和能源消耗。也就是说,将解

智能家居

决大众对居住的需求作为终极目标的智能家居，需要实现智能家电在不同场景下都可以联合成为统一的整体，从而满足不同用户的不同需求，通过记录用户数据，为用户提供更加个性化的服务。

（二）我国智能家居的发展现状

2018年，我国智能家居市场规模已经突破了千亿元人民币，2019年市场规模突破1500亿元，2020年市场规模将达到1820亿元。未来五年年均复合增长率均超30%，预测在2023年中国智能家居市场规模将突破5000亿元。

由于物联网被视为国家发展战略，而智能家居作为物联网高度应用的领域，也被国家列为六大重点领域应用示范工程之一，国家对智能家居的政策支持力度明显加大。由于我国手机网民的数量不断增加，智能家居的远程控制也就拥有了一定的群众基础。经济发展水平不断提高，带来了人们消费习惯的改变。消费者开始更加关注商品的品质和功能，对智能家居的关注度也在不断增加。未来，智能家居市场将会涌入更多层次不同的消费者。

经过数年探索，智能家居市场早已一片火热，传统家电企业与互联网、科技巨头争相布局，创新型企业层出不穷，各方竞争如火如荼。阿里巴巴、腾讯等互联网公司凭借良好的技术基础和资金支持，一边打造产品，一边制定平台规则。传统家电企业也在努力向智能化方向转型，生产智能化的产品，试图与互联网公司一起争夺智能家居市场的地盘。比如海尔推出智慧家庭语音助手——“小优管家”，把有线和无线相结合，试图打造物联网时代的智慧家庭社群生态平台。如今,不论是垂直领域的独角兽公司,还是互联网、硬件和家电领域的巨头,都希望在智能家居市场上分一杯羹。

四、网络化信息化与智慧医疗

智慧医疗将互联网、人工智能、大数据等先进信息技术融合到医疗卫生领域,以提高医疗服务的智能化和数据化水平,实现医疗资源的合理配置,增加医疗行业的效益。目前,我国在大力支持智慧医疗行业的发展,未来这一市场将会形成更大的规模。

(一)什么是智慧医疗

智慧医疗,属于医疗专有名词,它通过打造健康档案区域医疗信息平台,把患者、医务人员、医疗机构和设备的信息整合起来,通过互联网、大数据等技术实现智能化管理。智慧医疗可以将病人的数据集中在一个专业的医疗信息平台中,由医生采用更为专业的技术在合适的时间和地点,为病人提供更加准确的诊断和治疗服务。患者可以在医疗信息平台上看到自己的健康数据,以便提前体检或者接受治疗,使疾病可以提前预防或者得到有效控制。平台也可以实现医疗资源的有效配置,将经常闲置的医疗设备送到医疗资源缺乏的地区,使得更多的人可以接受有效的医疗服务。

按照覆盖范围和适用对象的不同,可以将智慧医疗分为三个

智慧医疗

部分：一是智慧医院系统，包括应用信息技术的医院本身和相应的技术服务；二是区域卫生系统，它包括区域卫生平台和公共卫生系统；三是家庭健康系统。

（二）我国智慧医疗的发展现状

智慧医疗作为智慧城市发展战略中与人们健康最息息相关的一项应用，得到了国家的大力支持。它不仅可以保障民生、提高社会福利水平还可以带动相关产业和企业的发展。因此，各级政府都积极出台相关政策，推动智慧医疗的发展。

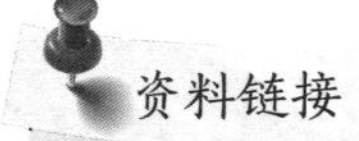

1999 年，我国进入人口老龄化社会，成为世界上老年人人口最多的国家。2018 年，我国 16 至 59 周岁的劳动年龄人口为 89729 万人，占总人口的比重为 64.3%；60 周岁及以上人口为 24949 万人，占总人口的比重为 17.9%。预计到 2050 年，我国将有一半人口在 50 岁以上。

在老龄化越来越普遍的情况下，老年人的医疗和保健需求越来越高。同时随着我国城市化进程的推进，人们生活节奏加快，食用快餐等不健康的饮食习惯和缺乏运动的生活方式导致人们得糖尿病、高血压等慢性病的几率增加，因此医疗服务和药品使用的需求将有可能进一步增加。

由于国内存在巨大的需求，我国智慧医疗的市场规模不断扩大，现已成为美国和日本之后世界第三大智慧医疗市场。2020 年我国智慧医疗建设行业规模突破1000亿元，随着各种利好政策的支持，未来这一规模还将不断扩大。由于市场广阔，商机无限，占据网络和信息优势的互联网企业纷纷进入这一行业，如阿里巴巴和腾讯，都在医疗行业进行了规模不小的投资。阿里巴巴自己打造了一个线上和线下一体的医药健康服务网络，这一网络中有云医院平台、阿里健康App和药品电子监管体系，它还推出了医疗AI产品"Doctor You"，其包括临床医学科研诊断平台、医疗辅助检测引擎、医师能力培训系统等。腾讯则通过微信，推出了"智慧药店"和"智慧医院"。未来我国智慧医疗行业的投资规模也将进一步扩大，前景无限。

五、网络化信息化与网络舆情管理

以微信、微博为代表的各种网络媒体逐渐流行，成为公众传播信息、表达观点、发表意见的主要渠道。民间网络舆论场迅速发酵，传递公众的观点与态度。在复杂的社会环境与网络环境双重背景下，各级政府面临的舆论管理压力比以往更加大。各级管理者需要顺势而为，利用网络化和信息化技术更好地对网络舆情进行管理。

（一）什么是网络舆情

舆论，是社会公众对社会热点事件所持的相对一致的态度与看法，即公众的共同意见。舆情则是舆论的总体状况，它不仅指公众对社会热点事件、焦点话题所持的观点和意见,还包括其言行之中透露出的态度、倾向及情绪的总和。简而言之,舆情就是对舆论等客观事实的评价,网络舆情就是网络上的舆论状况。

传统舆论的形成需时较长,互联网的发展让信息得以实时传播,在网络上形成实时的舆论场。以新浪微博为例,实时热搜排行榜每分钟都会更新,每天有数百个热门话题出现,网络舆情更新速度快,影响范围大,且具有突发性。网络信息传播具有快速、实时、广泛等特点,当信息积极正向时,形成的网络舆情可以释放正能量,继而影响更多的人。不过,由于关注人数众多,舆情发酵迅速,相关主体必须在短时间内给出回复,说明事实、表明态度,否则舆情可能会向消极的方向发展。由于网上充斥不实信息,公众缺乏“求真”意识,网络信息发布缺乏审核机制,导致网络谣言泛滥,出现歪曲、偏激和不断反转的舆论场。

(二)网络化信息化与网络舆情管理

由于网络舆情涉及面广,具有复杂性和特殊性等特点,在管理的过程中,不仅需要政府的参与,还需要媒体、公众的配合。正如习总书记所提出的,政府部门要提高网络综合治理能力,结合多种手段综合治网。政府在进行网络舆情管理时也应该主动运用大数据构建新的分析模型,利用物联网、人工智能来提高工作效率。

由于网络舆情信息来源众多、碎片化程度较高,往往会产生大量的网络数据,大数据时代的政府部门,需要引进和利用新兴传播技术,妥善处理网络舆情的监测、引导和管理问题。其中,大数据技术可以对舆情的预警、引导和管理等各个环节,在网络舆情爆发的前、中、后期,进行科学有效的干预和管理。由于人工智能算法的个性化推送形成的“封闭系统”让公众反复接触有关信息,其最初所持观点不断重复、放大,导致与之相左的观点无法完全表达甚至被否定,因此网络舆情一旦形成,便很难控制。这就需要政府在网络舆情尚未出现之时,运用人工智能技术对其进行预警和监测,并将其应用到网络舆情管理的各个环节。

伴随着物联网时代的到来,人与人之间的联系形式将会更加多样化,联系密切程度也会进一步提高,群众的表达方式和表达行为将会对网络舆情造成相当大的影响。目前,很多地方都在以物联网技术为基础建设智慧城市,利用人工智能、大数据等技术进行城市治理,显著提高政府对于网络舆情的反应速度和协调能力。因此,舆情管理部门在全新的网络时代,可以借助各种新型传播科技,实现数字化管理和资源配置的有效结合,建立一套标准统一、覆盖全面、反应迅速、功能完善的网络舆情监管体系。

第三章 网络强国与国家安全及军事现代化

主题导航

1. 网络化信息化与公民个人信息安全
2. 网络化信息化与后斯诺登时代的国家安全
3. 网络化信息化与军事现代化

建设网络强国是一场艰巨的攻坚战，离不开总体国家安全观的坚强引领。总体国家安全观与网络安全和信息化工作是纲与目的关系，纲举才能目张。网络安全和信息化的相关工作，无论是防御外部威胁，应对外部挑战，还是提升自身能力，都必须服从和服务于总体国家安全的需求。

第一节 网络化信息化与公民个人信息安全

你知道吗？

通信技术的发展催生了电报、电话、电脑的问世，电子计算机的发明真正引爆了信息技术革命，互联网的发展使人人互联更为便捷密切，应用平台通过云计算、物联网和大数据等智能技术实现全球社交及商业推广。云计算依托网络数据洞察用户需求，改善应用服务，实现大规模、虚拟化、可调节、可扩展、低成本的网络服务模式。物联网以其传感技术、虚拟技术实现物与物的感知，将信息传递给人们，构造新的智慧空间。大数据实现了巨型数据库中的信息快速捕获，数据成为极有价值的无形资产。网络化信息化背景下，信息技术渗透到经济、文化、政治的方方面面，电子商务、网络金融、远程医疗、电子政务等多个方面均实现了智能化。

大数据时代的到来带动数据向云端迁移，线上线下汇聚着无处不在的信息感知和采集终端，数据与商业、资本、劳动力相融合，信息资源、数据资源成为信息时代竞争的关键要素。大数据在未来将促进智慧城市建设，推动产业升级转型。网上消费形成新的景观，实体经济与虚拟经济并行发展，开创了消费新局面，电子商务特有的移动性、虚拟性深受新一代消费群体的喜爱，在线支付、个性化推荐、物流配送等服务激发了人们的广大需求。

任何事物都有其两面性，在人类充分享受网络化信息化带来的巨大红利和便捷的同时，信息安全问题日益凸显，成为世界各国关注的一个与国家安全紧密相关的重大问题。

一、网络化信息化与信息安全

数字经济高速发展的背后是令人担忧的各种信息安全威胁。信息安全问题自信息技术不断发展以来就倍受各国重视。20世纪40年代，“通信保密”开始进入学界，20世纪50年代，学界对“信息安全”开始着手进行研究，20世纪90年代，“信息安全”一词开始进入各国的政策文献之中。作为先行者，美国在这一领域较早地进行了系统地研究和应用，总部设在美国佛罗里达州的国际信息系统安全认证协会，将信息安全划分为十大领域，包括物理安全、商务连续和灾害重建计划、安全结构和模式、应用和系统开发、通信和网络安全、访问控制领域、密码学领域、安全管理实践、操作安全、法律侦察和道德规划。[1]1994 年 2 月,我国也发布了第一部关于计算机信息安全的法规《中华人民共和国计算机信息系统安全保护条例》。

信息安全,可以从狭义和广义两个层面予以理解[2]。狭义的信息安全,是指信息本身的安全问题,包括信息的保密性、完整性、可用性、可控性及可靠性五个方面。保密性是指信息传递过程中仅为授权者获取使用,完整性是指不破坏其原有内容、保持原本面貌,可用性是指根据需求可被授权使用,可控性是指处于安全监控管理状态,可靠性是指信息系统在规定条件下完成特定功能的概率。广义的信息安全,可分为全球信息安全、国家信息安全、城市信息安全、组织信息安全和个人信息安全。不论是何种层面的信息安全问题,都与国家安全密切相关,防范各类信息安全问题有助于维持国家政治稳定与社会安定。

二、网络化信息化与个人信息安全

一般而言,个人信息安全问题,是指人们在信息的获取和收集过程中信息收集方式的隐私侵犯问题、信息保存过程中伴随着的信息收集方式的隐私侵犯问题,以及在信息利用和传播过程中

[1] 王世伟 . 论信息安全、网络安全、网络空间安全 [J]. 中国图书馆学报,2015,41(2):72-84.

[2] 罗力 . 论国民信息安全素养的培养 [J]. 图书情报工作,2012,56(6):25-28.

伴随着的信息汇总的隐私侵犯问题[1]。当前,个人信息安全问题已成为全球民众在信息时代极为重视的问题,虚实结合的经济发展环境下,物联网、云计算和大数据的发展为个人信息安全带来了威胁,人们缺乏对信息的跟踪能力,更缺乏对信息的控制能力,承载着个人信息的数据在移动互联网中不加防范地自由流动。

物联网借助信息采集设备,经过网络传输和智能化信息处理服务器,最终完成信息数据的处理,这意味着我们身边物品的信息将被扫描、定位、追踪,并进行数据存储与处理,其中每个环节都存在信息泄露的风险。物联网技术对个人信息的挑战主要在于泄露个人隐私,包括日常行为被存储记录、在同一数据系统中行为相关联、个人位置暴露、个人偏好被捕捉等。物联网系统中的 RFID 网络是其运行的核心,该网络在运行过程中主要依靠标签[2],而标签上承载着护照、身份证等个人信息,如果遭遇“黑客”袭击,黑客将伪装成合法标签、破解和干扰标签中的信息数据、窃听和截取标签中的信息数据来获取利益,从而构成威胁。

借助技术便利,人们在日常生活中更多地使用计算机、移动设备,从而产生了大量数据,包括购买记录、每日步行数量、身体检测情况等,都被自然而然地采集到系统中。数据形式不仅仅是

---

[1] 小林麻理 . IT 的发展与个人信息保护 [M]. 夏平,王俊红,周伟民译 . 北京:经济日报出版社,2007.

[2] 秦成德,危小波,葛伟 . 网络个人信息保护研究 [M]. 西安:西安交通大学出版社,2016.

二维空间逻辑结构类数据，还包括各种传感器、智能设备、社交网络等产生的文本、图片、HTML、报表、音频、视频，人类正处在一个海量数据时代，数据处理能力也已经从 TB 级跨越到 PB 级[1]。大数据能通过信息采集进行自动化分析，比如根据“买药”信息推测“感冒”，利用“身体健康”数据推测是否为“三高”人群，它为我们带来便利，同时它也存在着严重的安全隐患问题，比如为“人肉搜索”提供了条件，众多互联网使用者出于好奇心在网络上不断搜索蛛丝马迹，对信息进行不断收集、加工和整理，循环往复之后，个人信息层层堆砌，隐私被大量泄露。

大数据与网络密不可分，随着越来越多的交易、对话、互动在网络上进行，针对大数据的网络犯罪也层出不穷，信息安全问题成为大数据快速发展的一大瓶颈。目前，在移动互联网发展之后，个人设备成为大数据的外延，而个人设备的安全系统目前仍然较为脆弱。

（一）电子商务与个人信息安全

网上消费作为全新的消费形式，开拓了便捷的交易模式，降低了交易成本，与此同时，网上消费陷阱也开始向人们靠近。电子商务在运作过程中，除了考虑流程升级，更要注重安全防范，一旦遭遇漏洞，将不仅仅影响个人资金安全、卖家资金物品安全，还将威胁国家的经济安全和经济秩序的稳定。

[1] 张艳欣，康旭冉．大数据时代社交网络个人信息安全问题研究 [J]. 兰台世界，2014（5）：24−25.

当前电子商务中的个人安全问题表现为多个方面[1]。首先，目前存在部分不良公民使用他人信息进行网上交易，使得他人资金和信誉受损。此外，个人信息泄露也较为常见，交易对象可能秘密地将个人的身份数据提供或销售给其他机构等，使得信息在传递过程中遭到窃听，日常生活受到非法干扰。

其次，在技术手段上，“黑客”为了获取信息和资源，常常伪装成“源IP地址”偷偷潜入发起攻击，从而窃取信息。“黑客”进入电子商务系统后，采取删除、修改、重发等手段，破坏数据的完整性，损害他人的经济利益或干扰对方的正确决策，造成了电子商务交易过程中的信息风险。同时，网络信息传递过程的多个环节和渠道中，非法方式侵袭使得重要数据泄露，自然灾害等客观问题也将影响个人信息安全。

此外，电子商务活动目前与物流配送协同发展，当前因收取快递而出现的信息泄露事件较为多见，有时甚至出现严重的违法犯罪行为。在快递配送过程中，容易显露个人电话、地址甚至真实姓名等信息，此类信息一旦遭到泄露，很有可能被不法分子利用，进行骚扰、欺诈、勒索、抢劫等危害个人财产安全乃至生命安全的行为。

（二）电子政务与个人信息安全

自信息技术革命以来，伴随着电子政务的发展，政府在工作

[1] 劳帼龄．电子商务安全与管理[M]．北京：高等教育出版社，2007.

过程中收集了大量的公民个人信息。各国都将信息技术应用于政府管理，产生了大量的公民数据，大大提高了政府的管理效率。

信息共享的进一步放开，增强了透明性和公正性，但也涉及隐私保护等问题[1]。政府通过发布信息为民服务，需要考虑信息披露的充分性限度，倘若过多披露了隐私，将对公民产生负面影响，损害公民的个人信息安全。当前我国不同部门之间的信息共享程度不高，导致公民身份的同一信息被不断采集，加大了信息泄露的风险。此外，由于电子政务收集的信息最为全面且真实，网络攻击者容易瞄准电子政务系统窃取信息，甚至散播病毒。除了外部信息泄露，内部工作人员也存在着信息泄露、非法篡改、未授权访问、信息窃取等不良行为，为公民个人信息带来安全风险。

因此，政府在电子政务信息共享中，需要明确共享目的、共享范围，在处理隐私之前以明确的方式向隐私信息主体告知处理隐私信息的目的、内容、时限等，让对方拥有知情权。同时，电子政务处理过程中要做好安全保障措施，保障隐私信息安全，明确相关环节中的责任人，落实工作人员的责任。

（三）互联网金融个人信息安全

互联网金融相对普通金融的特点是，利用互联网开放、平等、协作、共享的特点实现直接融资或间接融资，目前的形式，主要包括线上的金融产品营销、线上金融中介、线上支付平台、众筹、P2P

[1] 汪梦．政府数据开放下的电子政务变革若干问题研究 [J]. 电子政务，2016（11）：115−121.

信贷、数据货币、大数据金融及金融机构和金融门户的线上金融产品[1]。互联网金融具有的成本低、覆盖广、即时性强、信息公开程度高、互动性强等特性，使得其伴随着互联网的发展不断繁荣。

信息技术飞速发展的今天，大数据的应用使得互联网金融服务加强了对数据收集、分析、处理的能力。利用大数据技术可以分析互联网每种业务用户的态度和需求，从而制定高效可行的投资策略。大数据技术将促进互联网金融资源的优化配置，实现客户信息的共享，这也意味着数据存储集中化，缺乏完善的信用体系，与传统金融相比，抗风险能力相对较差。互联网金融对个人信息安全也存在着较大威胁，互联网金融的信息安全威胁可以概括为以下几个方面[2]。

第一，相较传统金融，互联网金融的法律法规不完善，对互联网金融常见经营模式与平台的信息保护没有统一规范。互联网金融企业进入门槛低，信息监管存在较大漏洞，部分企业因破产或其他原因退出市场后，仍留着用户姓名、电话、地址等信息，这使得信息极有可能被泄露或是售卖给其他机构。除了信息泄露和隐私侵犯的风险，交易过程中，还涉及信贷主体之间的法律风险，由于缺乏相应的网络法律法规管制，很容易造成用户资产

---

[1] 杜建彬．大数据时代互联金融信息安全 [M]. 奎屯：新疆人民出版社，2015.

[2] 曾德昊，刘泽一．互联网金融个人信息安全问题及其治理 [J]. 上海金融，2018（1）：91–95.

损失。

第二，互联网金融运行过程中，由于运行机制不健全或是互联网金融企业操作人员操作不熟练，造成数据泄露。部分企业实行服务外包，这意味着将用户数据提供给其他企业，进一步加剧不可控风险。在实际操作过程中，企业内部操作风险、第三方风险以及用户自身操作风险都客观存在，由于系统故障形成的用户个人信息风险也时有发生。

第三，互联网金融信息安全系统往往需要不断升级，难免存在结构设计上的问题，系统结构设计科学与否，是互联网金融平台安全的关键。如果结构设计过程中存在较大的漏洞，将可能给互联网金融企业和用户造成较大损失。

第四，依托于信息技术，互联网金融信息安全的风险来源依然可能是信息技术，高水平的技术使用者会有组织地发动攻击，如 DDoS 攻击、钓鱼攻击等仍然是无法完全避免的问题。

（四）指尖社会下的信息安全问题

伴随着电信行业的发展，电信业务经营者提供了电话、电报、数据、图像及多媒体服务等，无线网络的发展成为未来社会发展的趋势，5G 时代的到来使得信息交流更为便捷快速。无线通信技术不断普及的背后，信息安全隐患引发了人们的普遍关注和思考。相较有线网络，无线网络更为自由、应用更为广泛，但是它对信息传递、用户使用以及通信系统都存在着威胁。垃圾短信、骚扰电话打扰人们的生活，黑客将病毒伪装成邮件窃取个人信息，都给人们的生活带来负面影响。

其中，对信息传递的威胁，是指对空中接口和固定网络的信息进行非法侦听、篡改和抵赖；对用户使用的威胁，是指在通信系统中进行流量分析和监视；对通信系统的威胁，是指对系统进行攻击使其服务能力下降或在超越权限的情况下非法使用。

智能终端构建了“指尖社会”，中国互联网络信息中心发布的第46次《中国互联网络发展状况统计报告》显示，截至2020年6月，中国网民规模高达9.40亿，互联网普及率达67%，较2020年3月提升2.5%。我国手机网民规模达到9.32亿，网民使用手机上网比例高达99.2%。手机经过改革换代，从最初仅限通话功能发展成为集拍照、定位、上网、搜索等功能于一身的智能化工具。手机的移动服务功能满足了人们便捷、迅速的需求，丰富了日常生活，同时个人信息安全也面临着更大的挑战。

首先，移动服务需要人们实名注册手机号，在通过无线网络和移动终端进行商品或服务消费时，不可避免地要暴露个人信息，将手机号提供给商家，在交易过程中留下个人痕迹，这为不法分子提供了获取手机号码的渠道，随之而来的将是垃圾短信、骚扰电话等隐私侵犯行为。

其次，人们利用手机购物、订票、发邮件等，一旦遭遇黑客袭击，其资金账户、密码将遭泄露，导致资金盗刷。伴随着智能家居、智能车载等智慧设施的搭建，当互联网与家中设备相连接、与个人所有物品相连接后，人机网络一旦出现故障或遭遇袭击，将使得家庭利益乃至国家安全受到影响。

再者，手机定位功能将留下个人物理位置信息，此种技术一旦被不良分子利用，用户将面临财产和生命危险。网上信息的丰富和泛滥，方便人们通过搜索功能寻找想要的信息，这也为“人肉搜索”等不当行为提供了便利，通过网民的不断搜索，个人的隐私信息将被不断挖掘和暴露。此外，数据挖掘软件兴起，便于人们获取更多的网络数据，从而对安全、隐私和知识产权等构成威胁。

与智能手机相伴相生的，是应用程序。应用程序安装之前将会向用户申请诸多访问权限，绝大多数人不会细看权限涉及的范围，或无暇顾及隐私泄露等问题。目前，众多应用程序频发“过度收集个人信息”的问题，“通话记录”“本机号码”“位置信息”等隐私权限被较多地获取。恶意程序和山寨应用也会通过应用商店、刷机、短信链接和二维码等途径，收集用户短信、通话、位置等信息，在严重情况下还会盗取账号及密码信息。

在社交网络中，个人安全问题也较为突出。社交网络的个人隐私安全包括身份隐私安全、属性隐私安全、关系隐私安全和位置隐私安全[1]，当前算法技术能够进行身份重识别攻击，对个人身份信息进行获取，个人的爱好信息、亲友之间的关系信息以及个人位置信息也可被非法挖掘。

---

[1] 李媛．大数据时代个人信息保护研究 [M]. 武汉：华中科技大学出版社，2019.

个人信息安全问题

三、个人信息安全问题的应对措施

个人数字化隐私安全问题是互联网技术发展的必然产物。在教育层面、管理层面、法律层面需要提前布局,加强大数据发展的顶层设计,为大数据使用的各个阶段建立明确的标准规范。同时,针对几个重要领域,完善相应的信息安全防范措施。

(一)电子商务领域对个人信息安全问题的防范

强化和完善我国电子商务中消费者个人信息权,加强电子商务行业的自律性和消费者主体意识,行业相关工作人员自觉保护电子商务交易过程中的消费者隐私权。消费者个人不随意点击不明网页、不明软件,不随意填写个人相关信息,养成良好的网络消费习惯,经常检查个人计算机安全状况,同时消费者可以配置先进的电子装备和电子技术,防止在电子商务交易过程中被跟踪、被窥探,从技术上防止消费者隐私被恶意收集、隐私权被任意侵权。

(二)电子政务领域对个人信息安全问题的防范

移动电子政务依托大数据和云计算实现,大数据的分析功能实现服务智能化。为了实现电子政务云平台的安全,需要从终端、通信、应用和设备管理方面进行保护,通过开发可信控制平台模板,既实现应用处理系统的安全可信,又实现基带系统和应用处理系统的密码隔离,还可以通过构建安全基础设施以提供支撑。应用方法上,可通过开发基于加密的应用,如加密电话、加密即时通信、加密邮件,把涉及大数据隐私的元数据防护起来,实现大数据的隐私保护。

（三）互联网金融领域对个人信息安全问题的防范

对互联网金融创新产品进行严格审批，在推出市场之前要严格审查，管理部门进行管制，加强对用户的保护。金融机构在数据的收集、使用、传递、存储和更新中承担责任，告知用户并让用户充分了解和明确信息的使用目的和使用范围。同时，在立法层面，将保证互联网金融市场的活力与金融隐私权的保护相结合，加强金融机构对于技术风险控制的法律规定，强化互联网金融交易平台的安全性能。

（四）移动电信领域对个人信息安全问题的防范

不收集、不分析、不传播任何个人的敏感数据，在获得授权的情况下方可对无敏感信息数据进行分析。遵从国家法律法规要求，厂商对用户数据进行分析时需要得到运营商的授权。运营商在客户端上收集数据时需要明确告知用户所要收集的数据及其目的，并给予相关承诺，保证不会将数据泄露出去。

第二节 网络化信息化与后斯诺登时代的国家安全

你知道吗？

国家安全作为一个完整的概念最早出现在美国，由英国学者曼戈尔德在《国家安全与国际关系》一书中提出，1943 年美国新闻评论家李普曼在其著作《美国外交政策》中使用该词，第二次世界大战后，这一概念则与国际政治领域密切联系[1]。

随着时代的发展，国家安全的概念在不断变化。传统意义上，国家安全被看作是国家的政治安全和军事安全。当下，国家安全除了主权安全、领土安全、政治安全、军事安全，还包括经济安全、科技安全、文化安全等[2]。

---

[1] 曹峻，杨慧，杨丽娟．全球化与中国国家安全 [M]. 北京：社会科学文献出版社，2008：6.

[2] 刘跃进．总体国家安全观视野下的传统国家安全问题 [J]. 当代世界与社会主义，2014（6）：10–15.

一、网络化信息化与国家安全

国家安全的维护手段已经远不限于军事手段，国家安全在维护国家主权和领土完整的国防观念基础上，还包括国家的经济利益、贸易条件保障、关键性资源的获取途径、主导意识形态的存在等。随着全球化的进一步发展，信息时代下，信息安全、生态安全成为新的安全关注点。此外，国际竞争越来越表现为综合实力的竞争，国家安全不再仅仅以军事或政治安全为依托，更多地以政治、经济、军事、文化、科技、生态环境和资源等综合安全为基本保障。

当前信息时代的到来，为全球社会经济发展注入了新的活力，互联网、大数据、云计算在经济生活中越来越多地发挥作用，它让社会劳动生产率提高，生产力系统升级换代，在国家层面上，也使得不同国家之间的综合国力有了新的变化和较量。

工业化与信息化加快融合，信息技术引领其他技术变革，人类进入21世纪，信息成为生产动力源泉，正如蒸汽时代以蒸汽为动力，电气时代以电力为动力，农业时代竞争的是个体劳动力，工业时代竞争的是劳动工具和技术，信息时代竞争的是知识和信息速度，信息资源成为全新的财富积累要素，知识成为重要的生产要素，信息产业成为新的经济增长点。

信息的获取，不仅对于本国实现民主和平等具有重要意义，还是国际竞争的筹码，未来竞争的胜负将取决于谁享有信息资源优势，对信息资源的掌握和充分利用将推动战略及时更新调整，以实现最终胜利。因此，当前围绕信息技术，各国开始研发创新，以加强对信息的生产和控制，国与国的博弈跨越客观的地理界线，体现为无形的网络边界的碰撞。

此外，网络信息之争引发舆论战，新闻传播推动网络成为无形的战场，信息的复杂性、即时性、广泛性使得网络舆论发展并难以控制[1]。网络虚假信息和谣言将混淆视听，若任由他国发散和利用，严重的将使国家陷入不稳定局面，政府失去民心。一些国际组织借此时常进行有目的、有意识的政治文化渗透。因而，信息时代如何采取网络劝服、明示、暗示、典型引导等方式，宣扬国家立场和政策，将国家意志转化为群众意志，从而主导社会舆论，影响民意归属，成为新媒体时代网上舆论斗争的重点之所在。

2013 年，“棱镜门” 这一关乎世界信息安全的热点事件引爆全球[2]。此次事件表明，在当今的数字时代，国家之间的战争没有硝烟、没有武器，网络战成为一种兵不血刃的新形式。在新的全球化态势下，美国借助自身技术上的优势，暗暗开启全球战略竞争的新模式，“棱镜门” 事件所揭示的只是冰山之一角。在 21 世纪，情报战、信息战和网络战正成为国家信息安全的巨大挑战。“棱镜门” 事件，正是国际信息战的雏形。

[1] 张开．新媒体时代国际舆论引导与国家安全 [J]. 南京社会科学，2015（11）：105−112.

[2] 隋岩．窃听风云：斯诺登与棱镜计划 [M]. 北京：中国法制出版社，2014.

资料链接

“棱镜门”事件

“棱镜门”事件的主角爱德华·斯诺登原为美国中央情报局的一名技术人员，2013年他提前规划好隐匿行程，离开美国来到香港藏身，随后向英国《卫报》透露了美国国家安全局名为“棱镜”的秘密数据窃取项目，项目旨在获取百万电信用户的通话记录。同时，斯诺登还向《华盛顿邮报》揭露美国国家安全局和联邦调查局，通过侵入微软、谷歌、苹果、雅虎等九大网络巨头的服务器，以监控美国公民隐私信息的无耻行径。当美国媒体及国民舆论哗然之际，他通过视频公布个人身份，表明对于“棱镜计划”的态度，将美国政府及美国国家安全局推到了舆论的风口浪尖。

随着信息技术的发展，以创造和分配信息要素的经济社会正在形成，信息因素已经成为影响国家经济发展、控制国家政治命脉和军事力量的关键性因素。因此，面对国际竞争，加强国家信息安全，建设网络强国，具有重要的战略意义。

二、国家信息安全的主要威胁

(一)国家信息安全的特点

国家信息安全有几个显著的特点[1]:第一,高智能性。网络信息环境下国家信息安全主要依靠高科技信息技术实现防护,体现出高智能性,这也对每个国家的信息技术发展提出了较高要求。第二,易受攻击性,信息网络仍在不断完善之中,目前仍有面临着被黑客袭击的危险,容易受到外来侵犯。第三,难以防范性。信息网络塑造的虚拟环境使得国家安全防卫的对象难以确定,从某个国家、政府、组织到个人都有可能是国家信息安全需要防范的对象。第四,综合实力的差异性。国家综合实力强弱将决定其信息技术发展程度和信息技术人才数量,因此国家信息安全的竞争,实质上是各国综合实力的比拼。第五,危害的潜在性和隐蔽性。信息风险可以事先隐匿,在无征兆的情况下迅速扩散,从而形成巨大的负面影响,充分体现出信息安全威胁的潜在特征和隐蔽特性。第六,广适性。伴随着全球性的网络化与信息化,信息时代下的信息安全问题是不可避免的,全球信息安全体系将构成跨国界、跨平台、跨领域的实时连接系统。

---

[1] 李孟刚 . 国家信息安全问题研究 [M]. 北京:社会科学文献出版社,2012 : 27.

（二）国家信息安全的主要威胁

总体而言，当前国家信息安全面临的威胁来源主要有四个[1]：计算机病毒、网络黑客、网络犯罪以及垃圾信息。

计算机病毒。计算机病毒往往通过信息共享的方式在可执行程序中进行传染、繁殖，以实现无限度的繁殖与扩散，同时由于计算机病毒有较强的潜伏性和突发性，因而会对国家信息安全系统造成较大威胁。

网络黑客。作为计算机技术顶级高手的网络黑客在自身的满足欲或国际恐怖组织的驱动下，攻击国家安全系统，成为国家信息安全的一大隐患。终端恶意软件、恶意代码成为黑客或敌对势力攻击大数据平台、窃取数据的主要手段。例如，境外黑客组织"海莲花"多年来针对我国海事机构实施 APT 攻击。

网络犯罪。网络犯罪以其成本低、传播迅速、传播范围广、隐蔽性强、取证困难等特点而顽固存在。目前我国网络犯罪以电信网络诈骗犯罪最为典型，攻击者主要利用"伪基站、木马病毒、改号软件、钓鱼网站、诈骗 WiFi"等实行犯罪。

垃圾信息。当前网络信息中存在不少传播非法、有违社会公德的内容，这些网络信息被称为网络垃圾。网络垃圾多种多样，涵盖了从政治、经济、文化到军事等国际信息安全的各个方面，给国家的信息安全造成了严重威胁。

[1] 李孟刚．国家信息安全问题研究 [M]. 北京：社会科学文献出版社，2012：29.

（三）国家信息安全的主要类型

1. 政治安全。

政治安全，是国家安全最为重要的领域，主要以主权独立、领土完整、政权巩固、社会稳定等形式表现出来。在信息时代，伴随着信息网络迅猛发展，政治安全的内涵发生改变，不再是传统的物理界限上的疆界安全，而是包括信息网络这一虚拟形式的疆界安全。

政治信息安全的威胁主要体现在：

第一，为维护国家主权增加了新的挑战。在信息技术革命冲击下，“信息主权”成为国家主权新的重要组成部分，在信息技术方面领先一步的国家将具有操纵全球信息的可能，凭借技术优势干涉他国内政。

第二，主流意识形态遭到“颠覆性宣传”。西方主流文化所倡导的意识形态和价值观念，可以通过互联网不断轰炸他国信息网络，使得原有主导意识、价值观念受到冲击，乃至国家政权颠覆。

第三，国家控制信息能力下降。互联网时代信息的开放度提高，国家对信息扩散的控制能力减弱，他国可能借助信息技术传播不利于本国形象的言论，影响公众的正常判断。

2. 经济安全。

由于信息网络将国家经济的各个层面相互联系，敌对势力可以实现经济和技术封锁、盗取经济和技术情报、破坏正常经济秩序和经济基础、建立不平等电子商务市场秩序。当下数字经济发展将越来越依赖于网络系统,所以维护信息资源和信息基础设施安全至关重要。

经济信息安全的威胁主要体现在:

第一,网络经济犯罪严重威胁国家经济安全。专业化、智能化、虚拟化、隐蔽化的网络经济犯罪严重危害国家经济安全。

第二,使用信息技术跨国盗取经济秘密。当前美国微软公司推出的产品为我国绝大多数的计算机操作系统和骨干路由器所使用,在我国,计算机中的应用程序、数据库和防火墙也多由国际厂商提供,外方可能在其产品中安装间谍软件,随时启动监控,这严重威胁到我国的国家安全、民族存亡。

第三,基础设施系统愈发脆弱。目前通信网络成为公民处理日常事务的主要环境,城市供水系统、缴费系统、金融系统、电力系统、电信系统都依赖于网络。一旦因为技术漏洞或安全缺陷遭遇攻击,将对国民经济和民众生活带来毁灭性的打击。

3. 文化安全。

文化是一个国家、一个民族的思想引领、精神支柱,也是一个国家、一个民族区别于别的国家、别的民族的重要标识。信息时代,网络成为新的文化载体,加速文化传播与交融,同时从国家安全层面,网络也成为各国文化竞争的武器。

文化信息安全的威胁主要体现在:

第一,西方文化霸权对我国文化信息安全造成威胁。文化竞争也是国际竞争的重要一环,西方资本主义国家借助大众媒体传播价值观念,推行文化霸权,削弱他国文化自主性。

第二,国家社会意识形态和主流价值观受到威胁。在开放的互联网环境下,其他国家可以大肆传播政治偏见,抨击我国社会意识形态,左右人们的观点,侵蚀我国的文化。

4. 军事安全。

信息时代下军事领域也面临巨大变革,军用设备及民用设备与互联网深度结合,信息时代的军事安全面临史无前例的挑战。

军事信息安全的威胁主要体现在:

第一,信息主权受到威胁。先进发达国家凭借信息技术优势,对信息技术劣势国家采取窃听、渗透或阻断的方式,扰乱他国正常信息秩序。同时,信息技术优势国家通常采用“信息威慑”的方式,给信息技术劣势国家造成军事压力,使其不战而败。

第二,网络信息战威胁国家军事安全。信息战将通过先进的信息技术,多渠道、多形式地对对方军用及民用计算机网络进行信息侦察、获取、干扰和破坏,通过网络系统进行无硝烟、无流血而毁灭性极大的战争。

第三,黑客攻击导致军事泄密。军用网络这一技术产物在使用过程中极有可能受到更高的技术攻击,比如黑客攻击。军用系统难免存在漏洞,这会成为其他国家可能的进攻点,导致重要军事机密泄露,军事安全面临威胁。

三、中国面临的国家信息安全问题

（一）当前存在的问题

当前我国国家信息安全主要面临着以下几个问题：

第一，信息和网络安全防护能力较弱，技术系统仍存在不少漏洞，具有较大风险性。国内信息安全基础设施的防御体系仍不健全。

第二，计算机基础产业薄弱，对外依赖性较大。当前我国核心技术仍多依赖进口，国内软硬件的生产水平较低，无法满足日常需求。在操作系统上，美国微软公司的产品占据绝对优势，由于核心技术和关键设备依赖于国外，我国信息安全存在隐患，国外软件生产商有可能在其产品中安装监控设备，对我国的政治安全、经济安全和军事安全带来巨大威胁。

第三，信息犯罪现象仍然存在。国内不法分子利用网络对系统或信息进行攻击，实施恐怖主义活动，这是对我国政治安全的巨大威胁。此外，各类电子商务犯罪层出不穷，严重影响国人的财产安全。

第四，国民信息安全意识薄弱。当前我国网络经营者和机构用户更注重经济效益，而缺乏安全考量，对安全领域的投入和管理无法达到安全防范的要求，为黑客袭击提供了条件。

（二）应对我国国家信息安全问题

应对我国国家信息安全问题，除加快信息安全技术研发、加快信息安全人才队伍建设、推进信息安全产业自主升级外，还需做好以下工作：

1. 加强信息安全立法。

不断完善国内信息安全法律法规体系，明确公民维护国家信息安全的职责和义务，确定国家信息资源的保护范畴，规定相关的奖惩措施，预防和打击破坏国家信息安全的违法行为。此外，对媒体信息传播制定相关法规条例，加强对媒体传播的监管。在信息安全技术标准上立法，提高国内信息安全技术水平。增强信息技术自主创新能力，掌握高端技术，只有信息技术的发展依托于民族信息产业，才能抵御外敌入侵。

2. 开展国际合作。

信息安全是全球各国共同面临的威胁，互联网将世界各国联系在一起，安全问题跨越国界，需要共同解决，创建一个互利互信、合作共赢的信息安全国际秩序对每个国家的信息安全建设都有重要的意义。当下，可以合作解决的领域包括以下两个[1]：

第一，网络犯罪。网络犯罪问题是世界各国共同面临的问题，靠单个国家打击网络犯罪力量较小，效果不显著，结合各国力

---

[1] 张显龙．全球视野下的中国信息安全战略 [M]. 北京：清华大学出版社，2013.

量共同治理网络犯罪将大大增强治理力度。

第二,网络恐怖主义。网络恐怖主义作为恐怖主义在信息时代的另一发展形式,对某一个国家以及世界都具有极大威胁,将破坏政治稳定、经济安全,扰乱社会秩序,需要各国共同提高警惕。

此外,在政治文化上,我们可以利用大数据及时防控西方意识形态的蓄意渗透,阻止"中国威胁论"等错误论调的蔓延,并宣传核心价值观,增强对中国特色社会主义理论的理论自信、道路自信、制度自信、文化自信。同时可以借助大数据实现反恐目的,通过对暴恐事件的信源追溯、舆情分析以及情报综合分析,进行有效预防、跟踪和解决。在经济上,构建国家金融大数据交易平台,通过技术规范第三方支付征信体系,从源头降低侵犯隐私权、发布虚假信息等数据风险,提高数据安全性。

第三节 网络化信息化与军事现代化

你知道吗？

现代信息技术的变革，在军事现代化领域也产生了深远的影响。信息技术是战争模式由原来传统单一的作战样式，向现代信息化战争转变的根本诱因。现代战争应用先进的信息技术，借助信息整合军事要素，完善作战体系，对各个作战要素进行创新与改革，将现代战争带入由网络紧密联系的信息世界，形成了全新的作战模式。这对原本海陆空天四军竞争局面提出了新的要求，军事网络信息化的竞争博弈也成为世界主要国家军事发展战略的核心。

一、信息时代的军事现代化

在现代军事信息化之前，必须经历的两个阶段就是机械化与摩托化，区分两者的根本标准就是部队是否有将机械设备用于作战。以陆军为例子，摩托化部队仅将一些轮式卡车与摩托车用于运输，而作战依旧维持着热兵器战争中以枪、炮为基础的局面。

但是机械化部队则在摩托化运输基础上使用坦克和自行火炮进行作战，对步兵的需求与要求大大降低，其作战重心也发生了转变。在现代意义上，军队的完全机械化涵盖了海陆空三方面，这不仅要求国家的工业实力极其强大，还需要国家具备完整的军事工业体系，目前只有中美俄法等少数国家具备这种能力。

在军队经历了摩托化，完成了全面机械化之后，第三阶段就是信息化建设。军队信息化，是指在军队体系的各方面建设中以现代信息技术应用为前提，以网络为基础，利用信息资源对军队进行现代化建设。简言之就是“万物互联”，所有的信息实时共享，从而尽可能扩大战场的透明程度及打击的精准程度。

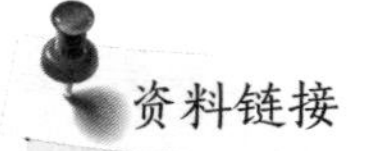

伊拉克战争期间，美国通过72颗军事卫星实现了对伊拉克军队行动和部署的实时把握，采用卫星定位系统，再结合精确制导武器，对伊拉克核心地区实施精准打击。伊拉克机械化部队由于缺少信息化能力，在战争中全面落于下风。在2011年的利比亚战争中，北约国家再次展现了信息化军队对单一机械化军队全面压制的信息化优势。

军队信息化的建设范围包括但不限于机械化武器装备、军事人才、组织结构和理论知识，军队信息化的最终结果就是形成信息化军队，而信息化军队利用信息资源，依靠网络信息系统，结合现代各个领域的高科技武器，发动的战争就称为信息化战争,例如电子战、网络战和心理战等。

信息化战争,从狭义角度来理解,是指以信息武器、电磁武器和导弹武器为主要的三个打击体系,建立局部或者全局优势的战争。21 世纪,以产生大规模物理破坏为前提的传统战争在人类命运共同体观念的盛行下,受到了前所未有的约束与限制。而信息化战争作为新的军事革命,随着其不断发展,信息资源将占据主导地位,产生的作用高于物质,改变了传统作战胜利机制,极大程度上会替代传统战争,成为未来战争的主流[1]。例如"赛博空间战"和"电磁频谱战"主要运用"电磁"和"信息"对打击目标的物理系统产生破坏和控制,更进一步的操纵人的认知和相应的活动。

随着世界各国信息社会的持续发展,再加上现代科技对学科交叉、领域融合、技术集合和空间渗透的发展需求变化,信息化的网络空间正在对人类世界的军事、文化、经济、政治和社会在多维层面上进行转型与改革,其中对军事领域的多维一体化进程改革极为显著。正如习总书记在中央政治局第十七次集体学习时指出:"勇于改变机械化战争的思维定式,树立信息化战争的思想观念;改变维护传统安全的思维定式,树立维护国家综合安全和战略利益拓展的思想观念""努力建立起一整套适应信息化战争和履行使命要求的新的军事理论、体制编制、装备体系、战略战术、管理模式。"

[1] 槐泽鹏,龚旻,陈克 . 未来战争形态发展研究 [J]. 战术导弹技术,2018(1):1-8+29.

二、军事信息化的基本特征

1991 年的海湾战争，开启了信息化战争的序幕，而 2003 年的伊拉克战争，则是信息系统正式应用于军事领域的重要标志。武器设备的远程化、精确化、智能化、无人化是未来的发展趋势，信息化战争愈演愈烈，智能化战争崭露头角。

（一）战争信息实时获取与传输

信息技术的“实时”，对军队信息获取与传输有着底层基础性的作用，“实时”需求存在于作战的 OODA（观察、定向、决策、行动）四个环节的每一个环节。

战场认知系统的信息化，意味着军事行动中情报侦察、获取、监控能力大幅度提升。一方面，是先进信息技术在情报感知上的应用，通过部署在五大系统的各式传感器获得情报，典型的例子就是军事卫星。另一方面，则是具有处理和传递信息能力的平台的设立，在战场情况愈加复杂的今天，平台的性能决定了感知信息获得能力[1]。目前，军事系统为了建立具有时效性和准确性的战场“神经”—— 战场信息系统，在网络化的基础上，一体化、综合化和智能化似乎是必然的发展趋势。

传统的指挥体系，是情报从基层指挥处自下而上地传递到上层指挥官，上层指挥官做出决策后再自上而下传递到基层指挥

[1] 耿海军 . 解读支撑信息化战场的“五大系统”[J]. 国防科技，2006（7）：60−64.

军事现代化

处,然后执行。且不论信息是否被准确地传递,传统模式下的信息传播基本处于速度与效率双低下的状态,会导致不同系统之间的信息沟通基本不存在。在信息时代的背景下,信息传播发生了翻天覆地的变化。指挥信息流通过网络从垂直传播转变为了横向、多向、交叉甚至逆向传播。信息技术对环境在数量和距离上进行了前所未有的优化,指挥需要确保获得战场信息的实时性、命令信息下达的时效性,以及信息的准确性,才能保证指挥效率高、指挥效力大以及指挥对象战斗力无衰减。目前,军事系统为了建立快速决策的战场"大脑"——战场指挥系统,指挥系统一体化、信息实时化和设备智能化建设,将是未来军事信息化发展的主要方向。

(二)自动化智能化武器

在传统战争模式中,指挥对象往往是人。因为只有人能作为中介,接收信息并处理信息,然后操纵各种武器装备。但随着信息技术的革新,特别是"物联网"的出现,在形成完整的信息系统之后,指挥的直接控制对象就转变为了武器,更准确地说,是通过改变信息来完成对武器装备的操纵,实现对火力的精确布置,实现信息与武器的有机结合。

传统机械化武器大多通过肉眼可见的物理连接来实现制导。如传统的鱼雷主要是将陀螺仪当作信息感知零件与舵相连接,进行信息的传递与方向的变更。这种以机械原理为核心制造理念的武器制作费用较高,信息一旦设定就无法更改,更致命的是无法实时应对外界的变动。而现代武器系统在传感技术、通信技术和控制技术等信息技术的加持下，克服了传统装备的一系列缺陷，可以做到对信息的及时更新和处理，完成精确制导[1]。例如美国“战斧”导弹内部使用了两套完善且复杂的制导系统——地图制导和光学制导。

更进一步，当一个计算机网络连接了各种装备，该武器系统就呈现出了一定的智能。相比精确制导武器，智能武器更加先进，它具备完整的信息采集和处理系统、知识系统、决策系统以及执行系统，呈现出人的一部分“智能”，从而替代军队人员，完成战斗。例如智能军用机器人、智能无人机、智能坦克、智能导弹、智能地雷以及智能指挥系统。

（三）战争层次的淡化

在传统战争中，战斗、战役和战争存在着明显的层次划分标准。大大小小的战斗组成战役，各个不同的战役构成战略阶段，完整的战略阶段形成了战争。一场战争的胜利往往代表系列战役胜利和战略阶段的完成。但是，在通信技术革新的现代，这样的传统逐渐发展，并产生了变化。通过新技术的运用，战争的时间与空间两大基本维度发生了变化，作战时间被缩减，作战空间被扩张，模糊了传统战争中的战斗、战役和战争三级分层的界限，改变了三者自上而下的阶梯关系，甚至将三者融为一体，一场战

[1] David S.Alberts, John J.Garstka, Richard E. Hayes, et al.Understanding Information Age Warfare[M].Washington D.C：CCRP，2001.

斗进化为一场战争的情况也将发生。

军事信息化催生了超越时空的作战指挥能力、高速执行命令能力、快速机动能力和超远程精准打击能力。这就为一场战斗直接上升为战役，达成战略目标创造了可能性，具体表现在指挥层次的跨越，战斗指挥或者战役指挥若具备全局意识与大局观，通过对作战细节和对局势的把握，可以对战略层次起到非常大的作用。同时，若战略指挥层次能精确指挥战斗，则更有利于将局部的战斗胜利发展为战略目标，甚至在小范围战斗中就能完成战争目标。那么以单一战斗行动为中心的融合战争模式是否会取代传统战争，就目前而言，融合战争模式并没有完全脱离传统战争模式，有可能出现指挥与职责层次淡化的多种作战模式并存的局面。

值得一提的是，虽然美军在1991年海湾战争和2003年的伊拉克战争中使用了信息系统来获取胜利，但其本身的战争模式依旧是属于传统战争模式，并没有出现融合的现象。然而在科索沃战争中，北约部队则大胆采用电视电话会议系统，以此来改变传统的指挥结构，极大程度地压缩了指挥过程。

（四）多军种力量的融合

传统的军种划分，是为了更好地、更有针对性地执行战争中大大小小的战斗，往往存在信息传递与交换方式不同、电文加密方式的异化、通信不畅以及利益纠纷等现象。随着网络化信息化的出现，其融合和互联的优势激励着传统与新型多种作战编制的携手合作，这也成了未来战争主要的发展方向。

在美国2015年3月发布的《前沿、接触、准备：21世纪海上力量合作战略》中，首次提出"全域进入"的新理念，其核心观点是确保军队在陆海空天网五大领域和第六大领域——电磁上的信息共享并保持行动自由。

2005年举办的信息社会世界峰会（WSIS），正式提出了物联网的概念。它以互联网为核心，把用户端从原本的人拓展到任何物品，将物品信息进行交换与通信，以此来实现物品的监控和控制等。物品也包括了军事斗争的重要组成部分——武器[1]。物联网背景下的军事体系，实现了人与人、人与武器以及武器和武器之间的信息共享，达到无论是作战部队、大型武器还是单兵作战之间的信息完美交换，将陆海空天网五大作战领域有机结合为一个庞大的军事系统，朝着一个共同的目标努力。战争就从原来的传统平台作战进化为网络中心战。

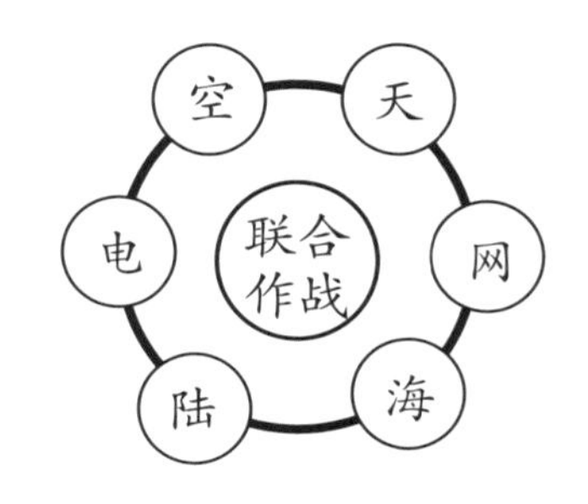

多军种联合作战和融合作战，强调整体作战思想和基于效果的

[1] 李坡，吴彤，匡兴华．物联网技术及其应用[J]．国防科技，2011，32（1）：18–22.

作战思想。现代化战争,联合和融合所有作战平台和要素并呈现出一体化的战场力量,作战效果就成为军事行动的评价标准。这样的军事体系更关注实战效果,而非传统战争中的行为本身。多军种联合作战对于调整部队组成、作战时间、作战空间、作战方式没有特别的要求,只是依照效果最大化的目标来总体调整。

（五）网络战与信息战

信息战的具体表现形式主要为电磁空间的电子战、网络空间的计算机网络战及认知空间的心理战,而在信息战中使用信息武器的主要目的就是破坏信息系统和影响人的认知。

随着信息技术的发展,电子战从最早的以电子干扰为主要目的的作战方式上升到现代战斗中的主要地位。目前,广义上电子战包括电子对抗行动、战略防御力量和战略突击力量,而狭义上,则为电子攻击、电子支援和电子防护。无论是海湾战争中电子情报和进攻系统完美融入陆海空多维打击空间,还是科索沃战争中电子战飞机空前的使用量,无不揭示了电子战从传统战争的边缘与辅佐地位上升到中心和决定地位。

计算机网络战主要针对的是信息处理以及信息储存系统的破坏。网络化信息能发挥出信息的最大作用,但这也成了它致命的弱点。网络攻击存在的基础就是网络具有互通性,融入网络的任何计算机都存在被其他计算机攻击的可能。1991 年海湾战争采用的信息武器中,计算机病毒武器使得伊拉克的指挥和控制系统遭受重创,基本处于瘫痪状态。

传统的心理战，就是运用心理学理论从精神层面影响作战目标的行为。信息技术蓬勃发展的现代，心理战的内涵得到了丰富。现代心理战是指通过特定信息的输入使敌人作出违背意愿，不以自己意志为转移的行为举动。敌人不仅为个人，也可以是组织，甚至为一个系统[1]。认知空间是一个单独划分出来的作战空间，认知空间的心理战的核心观点是思维行为化。因此，无论作战形式如何变化，战斗目标终究为人所立，服务于人与人、人与国、国与国之间的利益纠纷，而心理战的终极目标就是“不战而屈人之兵”，从根本上瓦解敌人。在伊拉克战争中，英美联军就通过发动心理战，减弱战争对己方的负面影响并增强士气，同时也增加了伊拉克军队的心理负担。

三、军事信息化的全新内容

（一）军事云计算

云计算是信息技术发展的最新成果，有着独特的逻辑思维与技术体制，其对大规模数据的计算、分析、共享和存储能力深深影响着未来信息的发展，在军事领域的信息化革新中也起着举足轻重的作用。

首先，深层次运用云计算技术的一方将产生战场感知的“单

---

[1] 沈伟光．信息战：对思想和精神的攻击 [N]. 中国国防报，2004-06-01（3）.

向透明”[1]。在未来的信息战场中,陆海空天网五大空间的环境复杂多样,实时感知难度大幅度上升,而小型云终端设备的携带就能保证作战部队对战场环境要素的实时变化进行掌握,例如敌军火力布置、武器装备等,为指挥决策提供实时、流动、透明、可视的战场信息支撑。

其次,云计算为作战单位微型化提供了可能[2]。战术网络从本质上来说是一种临时搭建的网络,不同于拥有永久性与安全性的驻军网络,而云计算能最大程度减少对战术网络的要求。在云计算的加持下,战场作战部队的支援配属和信息服务都可以通过云端实现,最大程度上缩减了部队的要素构成,最鲜明的部分就是指挥决策系统、战果战损评估系统可以从一线作战单位中脱离出来[3]。由此,可实现军事信息系统组织的明确分工,减少作战负担。

然后,云计算为无人作战与有人作战的有机结合提供了便利条件。原本有人部队与无人部队协同作战的最大难点就是如何维持两者之间信息的同步与行动的一致。依靠云计算的强大智能计算以及数据分析能力,人类与机械的同步变得更加高效,同时,无人部队之间的协同作战模式也将更加合理。

最后,军事云增强日常办公信息系统,对日常军事人才训练、

[1] 刘云飞,潘皓. 云计算军事运用有啥特点 [N]. 解放军报,2020-03-05.

[2] 搜狐军事. 云计算技术在军事领域的运用 [EB/OL].(2014-09-25). https://mil.sohu.com/20140925/n404645158_6.shtml.

[3] 郭保平,程建,刘争荣. 云计算在军事信息系统中的应用探析 [J]. 飞航导弹,2015(4):55-59.

人力资源管理、信息化办公等类似不需要严格加密的数据系统有着显著的影响。

目前,云计算在民用和商用领域的应用都在紧锣密鼓地进行着,但是由于军事系统对信息安全有极其苛刻的需求,云数据的安全问题也成为限制其发展的核心问题之一。

(二)军事智能化

军事智能化是军事信息化更深入的创新与发展。智能化军事能在结合大数据、云计算和自主学习等技术后,对世界各国网络空间的博弈产生极大的影响。军事智能化作为一种目前最为强大的战争属性,其影响是对军事领域的全面渗透,对战争的胜负起着决定性作用。其影响可简单划分为三方面:

首先,智能化军事指挥系统成为军事体系的中央枢纽。指挥控制的智能化有利于克服指挥官认知上存在的缺陷,以及可能被人利用的弱点,以此降低指挥决策的错误性。同时,军事指挥系统对信息的处理以及传播具有极强的依赖性[1]。聚焦了军事大数据后,信息智能化搜集、处理、呈现和传递等保证了反馈与命令的实时性、时效性、准确性。

其次,智能化军事装备的核心就是武器无人化。通过无人武器的研发与打造,对传统作战中的装备进行替换,形成全面立体无人作战体系。通过智能机器的精准、速度和力量完成战场目

[1] 谭玉珊,罗威.以智能技术推动军事科技信息创新发展[J].情报理论与实践,2019,42(2):74-79.

标。无人作战体系并非意味着人被完全地剥离，恰恰相反，在现有人工智能技术的条件下，人依旧居于主导地位，人与武器的关系依旧没有产生本质上的变化[1]。

最后，智能化作战方式。当作战 OODA 四个环节中重复、烦琐的环节由智能机器参与，不再需要人的参与，就实现了无人化作战。将人与智能机器完美融合为一个共同的整体，完美填补人类不擅长领域的空缺[2]。智能化作战方式的具体表现——智能化行动样式种类繁多，威力强大，如反静默自主侦察、分布式定向攻防、集群化无人作战、自适应认知作战等。

毫无疑问，军事智能化可以带来军事力量的大幅度提升，甚至可以使国家获得“核威胁”之下的霸主地位。但是，如果智能武器具有自主决策与行动能力后，摆脱了人类的控制，就会对人类发展造成严重的后果。2018 年欧盟委员会就此问题发布了人工智能道德准则，从七大方面来监管和约束人工智能的发展。

（三）军事大数据

有别于普通民用数据，军事大数据具有超复杂性、强对抗性与高安全性[3]。超复杂性，指军事大数据的来源是陆海空天网电

[1] 闫晓峰，张德群，吴永亮．智能化时代，人与武器关系如何变化 [N]. 解放军报，2020-02-25.

[2] 赵国林，梁念峰，周广涛．科学认识智能化网电空间作战 [N]. 解放军报，2020-02-11.

[3] 宋元刚，邵龙飞，王晗．军事大数据：军事智能变革的加速器——第二届军事大数据论坛期间有关专家答记者问 [N]. 解放军报，2019-09-06.

这些多维空间，非结构化数据繁多，数据之间的联系复杂；强对抗性，是战争本质赋予军事大数据的性质，手段博弈、数据伪装、信息欺骗等冗杂现象屡见不鲜，真假交织，难以分辨；高安全性，是源于强对抗性，威胁的存在必然导致防御的诞生，高安全对抗着大数据时代的高风险。

首先，军事大数据能加速人工智能与智能武器的诞生。自1956年达特茅斯会议提出人工智能后，人们一直尝试在逻辑和算法层面更新与升级人工智能，屡遭失败。而新时代的“石油”——大数据的诞生，为新一代人工智能与智能化武器填补了“自主学习”的缺陷，实现人工智能与人类智慧的完美融合。与此同时，人工智能反哺大数据，在信息收集、处理和传递等过程中发挥出远超人类的作用。

其次，军事大数据将带来精准的战场预测功能。军事大数据最重要的价值就是通过数据挖掘模式，将有价值的信息从海量战场感知信息中提取，进行大数据分析处理和相关模型构建，消除战争迷雾，预测敌方战略目标、作战方式和火力布置等。

然后，军事大数据对作战功能进行优化。作战功能中的情报与指挥控制系统依赖于数据的循环利用，前者侧重数据获取与整合，后者侧重数据融合与处理。大数据时代背景下，作战功能产生了新的状态数据，能够显著提升作战效果。

最后，军事大数据对联合作战样式的演进具有关键性作用。这与云计算、人工智能在军事上的作用相类似。作战数据的共享，实现了多军种甚至全军种紧密、精确的力量运用，实现多域联合作战。

（四）军事区块链

从比特币脱胎而出的区块链技术成为一项全球紧密关注的新兴技术，对未来人类社会各个领域的影响无法估计。区块链技术在军事领域的应用也受到了世界各军事强国的重视。近年来，区块链的网络安全应用研究被纳入美国国防支出法案。

首先，区块链的高安全性符合军事信息安全的要求。当军事信息化成为世界各国的建设主流，防御高频率的网络攻击就成为重中之重，而信息不可篡改的区块链可实时监控、记录数据库的动态，有效地防止清理权限日志、隐藏访问痕迹、篡改数据和代码等非法入侵手段。同时，区块链的核心性质——分布式去中心化满足了抗毁生存的军事需求。每一个设备或节点，都存储全部的数据，即使单个节点受到攻击，剩余的节点依旧可以进行数据的更新与存储，使受到攻击的风险最小化。

其次，区块链的机器信息机制，特别是在第二代区块链中加入了人工智能技术，可以大幅度减少军事管理体系中存在的人为漏洞，降低不确定性与复杂性。在军事人才管理中，以区块链形式存储的人员档案信息可以有效杜绝丢失和篡改等问题，开放性的数据也保证了人事流动中的信息透明与安全，做到人尽其才和赏罚分明。在军事武器设备管理中，设备研发、生产、使用往往由不同部门负责，武器装备的设计参数、实验数据、实时状态、维修记录通过区块链构建出军用设备全寿命周期管理系统，大大提高设备管理的效率与效益。

最后,区块链、供应链和智能交通等技术的集成,为军用物联网的诞生提供可能,为军用物流中的生产包装、用户需求、装载卸载和配送运输环节中存在的信息存储和提取问题提出了解决方案[1]。

区块链技术特点

区块链作为比特币的底层技术,发展时间较短,存在的高冗余、高能耗、缓慢响应、加密困难等问题都有待科学解决[2],目前最理想的就是与其他相关信息技术结合,例如5G、云计算、人工智能等。目前在民用领域和军事领域都没有成熟的应用案例,其应用广度和深度有待进一步探索。

---

[1] 中国国防报.区块链,离国防领域的运用还有多远? [EB/OL].(2019-01-10).http://www.81.cn/jwgz/2019-01/10/content_9401083.htm.

[2] 袁艺,史慧敏,李志飞.军报关注:区块链如何影响现代军事[N].解放军报,2019-11-20.

（五）军事 5G

5G 作为最新一代移动通信技术，距离人们生活越来越近，改变社会近在咫尺。军事领域向来是最新技术应用的重点，5G 高速率、低时延和万物互联的网络构架，对未来信息化战争形态会产生深远影响。

首先，5G 可以运用在军事作战的任何一个涉及信息传输的环节，无论是战场感知、指挥控制、精确打击还是后勤服务与保障，可以增加战场信息循环效率。相较于 4G，5G 带来的是十倍、百倍的信息传递速度的提升。这将有效增强战场感知能力，消除战争迷雾，构造统一且正确的战场态势图[1]。5G 的超大传播范围有助于作战指挥员与作战人员进行实时交互，提升指挥作战效能，提高在如沙漠、海洋等恶劣环境下的作战能力。同时，5G 的低时延必然带来数据反馈时间的降低，这就意味着武器调整时间的拉长，为精准打击高速机动目标提供了必要的反应时间。

其次，5G 带来了虚拟现实技术的复苏。虚拟现实技术在技术上存在难以突破的鸿沟，但是 5G 的诞生为其克服缺陷提供了部分技术支持，刺激其继续发展。5G 加现实虚拟技术，可以在一定程度上替代环境拟真训练，减少了军队训练成本，缩短了军事人才成长周期。

最后，5G 支撑起所有以信息技术为基础的作战方式。无论

[1] 中国青年报 .5G 将如何影响未来战争 [EB/OL].（2019-03-21）. https://baijiahao.baidu.com/s?id=1628566315499943519&wfr=spider&for=pc.

是军事领域的大数据、云计算、人工智能,还是区块链,都在5G问世后得到了大幅度的加强,以“网络中心战”为核心的陆、海、空、天、电、网多维空间战争,也将5G作为开拓新战场的新兴技术。这都表明5G技术将成为赢得信息化战争制高点的核心要素。

四、中国的军事信息现代化

中国在2019年发表的《新时代的中国国防》白皮书中指出,为了进入军事信息化时代,我国军事战略计划于2020年基本实现机械化,信息化建设与机械化协同发展,战略效能大幅度提升。在国家安全与发展战略全局中,争取在2035年基本实现军事现代化。中国军队的全面机械化是广义上的机械化,这就意味着中国实现陆军步兵战车化、空军战机四代机和五代机化、海军老旧舰艇更替与进化、战略支援部队装备更新换代等。

中国军队为了适应世界军事革命发展趋势,全力推动军事现代化建设,实现强军兴国的历史使命。在中国军事改革进程中,主要从以下四大方面着手进行军事现代化信息化的建设。

1. 领导指挥体系的革新。

“军委管总、战区主战、军种主建”是军队领导指挥体制改革的原则,其满足现代军事专业分工化、作战融合化、信息数据化的必然要求,提高部队作战效率和效益,进而构建符合时代潮流的领导管理机制和作战指挥体系。

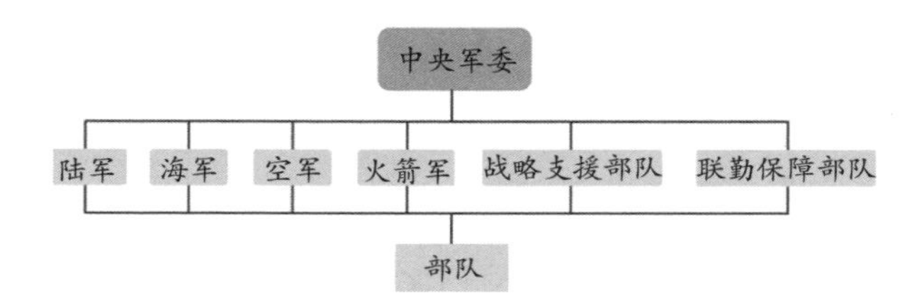

2. 优化规模结构和力量。

依照新时代优化要求进行结构改革，是中国特色军事现代化的核心步骤，重塑军队规模比例、调整作战力量编成、优化科研体系，改变以往依靠数量和人力取胜的作战理念，转变为质量与科技占领军事制高点。

3. 调整军兵种。

区域防卫转变为全域作战的理念，是现代化新型兵种革新的目标。其中，战略支援部队是维护国家安全的新型作战力量，以新兴技术转化为作战力量为组建理念，推进信息技术在关键领域的跨越式发展。

4. 构建现代化信息化武器装备体系。

全面淘汰老旧装备，统筹发展顶尖武器和信息系统，构建以高新科技装备为支撑力量的武器装备体系，从武器层面直接提高军事作战能力。

第四章

网络强国与全球网络空间治理及话语权争夺

主题导航

1. 网络化信息化与媒体国际竞争力
2. 网络化信息化与国际话语权争夺
3. 网络化信息化与全球网络空间治理

在致第六届世界互联网大会的贺信中，习近平主席指出："发展好、运用好、治理好互联网，让互联网更好造福人类，是国际社会的共同责任。各国应顺应时代潮流，勇担发展责任，共迎风险挑战，共同推进网络空间全球治理，努力推动构建网络空间命运共同体。"

第一节 网络化信息化与媒体国际竞争力

你知道吗？

新中国成立以来，特别是改革开放以来，中国取得了举世瞩目的成就，综合国力和国际影响力显著增强，国际地位不断提升，在国际事务中发挥着越来越重要的作用。当中国特色社会主义进入新时代，我国实现了从"站起来""富起来"到"强起来"的伟大飞跃，彰显了中国发展的道路优势、理论优势、制度优势和文化优势。但与此同时，在国际舆论场上我国的国际话语权没有得到相应的提升，中国媒体的国际影响力远不及中国经济及综合国力的全球影响力。

一、国际舆论场西强我弱的长期劣势

中国在国际舆论场上的长期劣势，一方面源于西方敌对势力对"中国威胁论"的臆造，以CNN、BBC为代表的西方主流媒体左右着世界其他国家对中国形象的认知，中国的国家形象长期处于被西方媒体"他塑"的弱势状态。另一方面，我国一个时期内传播技术落后、传播时效滞后等原因，加剧了国际传播中的不均衡和不公正[1]。西方国家在国际社会上长期“妖魔化”中国的媒体和新闻，并不断贴上“不客观”“有偏见”等不实标签[2]。

当前，中国媒体的国际竞争力“传而不通”“通而不受”[3]，意即中国媒体虽然在全球的覆盖率与西方一流媒体不相上下，但国际受众的接触率、落户率、收视率等相对不足，为数不多的接触率背后，中国媒体的国际公信力和舆论引导力仍有待增强。数据显示，西方四大通讯社美联社、合众国际社、路透社、法新社每天的新闻发稿量占世界新闻发稿量的五分之四。西方50家媒体跨国公司占据了全球95%的传媒市场……美国控制了全球75%

资料链接

在国外传媒机构Zenith发布的2017年《全球三十大传媒主》排名中，美国公司占2/3，中国和德国各仅有3家公司上榜。从媒体类别来看，包括谷歌、脸书、百度、推特在内的纯互联网公司占据7席。

[1] 李卫东.“讲好中国故事”的叙事伦理诉求及其建构[N].中国社会科学报，2018-06-22（5）.

[2] 人民网.主流媒体跨文化传播的影响因素模型研究——以人民日报Facebook账号为例[EB/OL].（2018-01-26）. http://media.people.com.cn/n1/ 2018/0126/c416773-29789075-3.html.

[3] 吴立斌.中国媒体的国际传播及影响力研究[D].中共中央党校，2011.

的电视节目的生产和制作[1]。

世界媒体实验室发布2018年度“世界媒体500强”榜单，入选最多的十大国家中，美国、英国、日本及其他发达国家占据8席，中国以89家入选媒体位列第二，其中涉及新闻业务的媒体仅有腾讯控股有限公司、百度在线网络技术（北京）有限公司、网易公司、上海广播电视台、东方明珠新媒体股份有限公司、江苏省广播电视总台（集团）、浙江日报报业集团、杭州日报报业集团、新华日报、大河报社、齐鲁晚报等十余个。由此可见，仅从市场角度以经济效益为标准来衡量，中国媒体存在不俗表现，但现阶段我国媒体新闻业务的国际传播力仍难与发达国家媒体相抗衡。

中国新闻媒体在国际舆论场中的影响力，除了可从媒体规模来考察，还可以通过其在重大事件中的表现来分析。以中共十九大的国际报道为例，国际主流媒体发表报道9300篇（中共十八大的报道为5060篇）。2017年国际媒体有关中国的报道量居全球第二，是美国的一半、日本的1.5倍、英国的2.9倍、德国的2.2倍、印度的3.0倍、俄罗斯的3.2倍[2]。当然，新华社、人民日报、中国日报等中国主流媒体成为国际媒体涉华报道的消息来源，有时候也会被外媒转载或转引。数据显示，2017年国际媒体对新华社消息引用达93037次，新华社是外媒获取中国新闻

---

[1] 胡正荣，关娟娟．世界主要媒体的国际传播战略[M]. 北京：中国传媒大学出版社，2011.

[2] 吴瑛．十九大后国际舆论的新格局与新走势[J]. 对外传播，2018（4）：4-6.

时排名首位的消息来源[1]。

二、战略高度推进国际传播能力建设

1991 年国务院新闻办公室的组建,成为新中国国际传播能力建设重要的里程碑。国务院新闻办在负责推动中国媒体向世界报道中国的同时,也积极推动中国媒体对国际问题和各国舆情的报道与交流。2009 年,中央发布《2009—2020 年我国重点媒体国际传播能力建设总体规划》,提出把我国重点媒体国际传播能力建设纳入国家经济社会发展总体规划,打造国际一流媒体、增强国际传播能力成为中国媒体的重要发展方向。

十八大以来,党中央高度重视国际传播工作,强调讲好中国故事,让世界更加了解中国。2013 年,习总书记在全国宣传思想工作会议上指出:“要精心做好对外宣传工作,创新对外宣传方式,着力打造融通中外的新概念新范畴新表述,讲好中国故事,传播好中国声音。”2016 年,在党的新闻舆论工作座谈会上,习总书记进一步强调:“要加强国际传播能力建设,增强国际话语权,集中讲好中国故事,同时优化战略布局,着力打造具有较强国际影响的外宣旗舰媒体。”

党的十九大报告明确指出,要“推进国际传播能力建设,讲好

---

[1] 吴瑛 . 十九大后国际舆论的新格局与新走势 [J]. 对外传播,2018(4):4-6.

中国故事，展现真实、立体、全面的中国，提高国家文化软实力”。经过不断努力，伴随中国从“站起来”到“富起来”再到“强起来”的跨越式发展，我国国际传播事业呈现出从“突围式”到“回应式”再到“主动式”三个阶段的转变[1]。

目前，新华社驻外分社有 170 余个，驻外机构数量居世界首位，建设规模与西方大通讯社旗鼓相当。中国国际电视台（CGTN）包括 6 个电视频道、3 个海外分台和 1 个视频通讯社，成为全球唯一使用汉语、英语、法语、西班牙语、俄语、阿拉伯语 6 种联合国工作语言播出的电视媒体。中国国际广播电台（CRI）使用 65 种语言全天候向世界广播，是全球使用语种最多的国际传播机构。由此可见，目前我国新闻媒体的硬件设施和覆盖广度已不是制约我国国际传播发展的最大障碍。

三、技术变革与国际传播 3.0 时代

从技术的角度来看，国际传播的媒介渠道经历了从电报 — 通讯社 — 广播 — 报刊、电视 — 互联网的演变。西方主流媒体积累深厚，无论从报道的广度还是深度上，都在国际舆论场中占据主导地位。21 世纪传媒产业的技术变革，缩短了中国媒体与全球受众的距离，传播结构更为全球化和扁平化，同时也带来了国

[1] 李富根，李东 . 讲好中国地方故事 拓宽国际传播路径 [J]. 对外传播，2019（2）：39–41.

际传播秩序的重新洗牌，中国媒体面临与西方媒体同样的发展机遇，站到了同一起跑线上。从中国网络强国建设和融媒体发展的总体态势来看，中国媒体与西方媒体的技术差距大大减小，中国媒体国际传播活动已经打开了一个全新的局面。

数字技术和传播科技的飞速发展，一方面颠覆了传统媒体主导的国际传播格局和传播生态，在扩展国际信息流通带宽的同时开拓了新型的传播路径。舆论阵地和传播重心呈现出向新媒体转移的趋势，“讲好中国故事”已经不仅是传统媒体肩负的责任，新媒体也发挥了传播中国、报道世界、影响国际舆论的作用。另一方面也推动了传统媒体与新媒体的互联互通、优势互补，人工智能、5G、虚拟现实、区块链等技术在新闻生产、传播和再创作中释放巨大能量，运用新思维发展融媒体、打造全媒体，成为中国新闻媒体增强竞争力、争夺话语权的重要工具。

对传媒产业而言，人工智能的影响是“从内容生产到传播渠道、从用户营销到传播效果、从传媒生态到宣传格局全链条[1]”。在新闻媒体的国际传播领域，人工智能等新技术的影响也从内容生产、传播渠道、传播效果等方面展开。

首先，新技术优化了传播内容，推动更精准的内容生产。借助机器人记者、人工智能翻译机等，新闻媒体逐渐具备大数据的生产体系、自动化的生产模式和一触即发式的生产效率，大大改

[1] 张洪忠，石韦颖，韩晓乔．从传播方式到形态：人工智能对传播渠道内涵的改变 [J]. 中国记者，2018（3）：29-32.

变了传统国际新闻的叙事模式和生产流程，为形成“人机协同”的新闻采编方式提供可能。“一带一路”国际合作高峰论坛等重大场景的报道展现出十足的科技范儿，“5G+4K+AI”成为增强国际传播力和影响力的新型武器。

其次，新技术丰富了传播渠道，推动更智能的传播互动。智能推荐是利用算法了解用户兴趣并向用户推荐个性化内容的传播模式，已经成为新闻推送的主要手段之一，今日头条和今日头条的海外版 TopBuzz 正是智能推荐的典型代表。未来我国媒体国际传播工作的创新发展，一方面可以积极利用谷歌、脸书等国际主流平台已有的智能推荐解决方案，在淡化传播主体政治属性的同时强化传播渠道的对话机制，进而打造智能化的全球传播创新模式；另一方面可以在 CGTN、China Plus 等自主媒体平台添加智能推荐的设定和模块[1]，更好地顺应新媒体时代用户差异化需求，为“讲好中国故事，让世界更加了解中国”主旋律服务。此外，通过深度学习，人工智能从后台拓展至前端，与传播对象进行人机对话。据统计，2017 年两会期间，中央及地方 12 家媒体推出智能新闻机器人 15 个[2]。除了稿件撰写，这 15 个机器人还能进行语音交互问答、舆情播报、嘉宾主持等工作。

---

[1] 马宁 . 人工智能、大数据与对外传播的创新发展 [J]. 对外传播，2018（10）：7−10+1.

[2] 王芳菲 . 智能新闻机器人助力两会融合传播——以 2017 年全国两会报道为例 [J]. 新媒体研究，2017，3（7）：64−65.

什么是“文化折扣”

文化折扣也称文化贴现，指因文化背景差异，国际市场中的文化产品不被其他地区受众认同或理解而导致其价值的减低。1988 年，霍斯金斯（Colin Hoskins）和米卢斯（R. Mirus）在发表的论文《美国主导电视节目国际市场的原因》中首次提出该概念。语言、文化背景、历史传统、价值观等都是文化折扣产生的原因。文化折扣是国际传播中经常面临的问题，也是国际传播较难实现有效沟通的原因之一。

最后，新技术降低了文化折扣，推动更有效的国际传播。人工智能等新技术主要从两个方面对国际传播中的文化折扣进行改善。一是有助于找到适合不同国家的话语逻辑和叙事策略，并利用“贴合性符号”来唤起海外受众的参与兴趣与认知贴合[1]，为用户画像、反馈互动等提供技术支撑。以美国网络媒体 Buzzfeed 为例，它利用机器学习技术和海量历史数据库，根据历史文章逻辑回归之后输出“热度得分”，构建跨语言爆款自动化模型。二是通过智能翻译、数据分析和可视化的数据阐释，化文字语言为可感知图景，不仅提升了语言翻译的文化自洽度，还在一定程度上降低了国际传播中的文化误读。

由此可见，虽然不平等、不平衡的国际传播基本格局尚未根

[1] 栾轶玫 . 人工智能降低国际传播中的文化折扣研究 [J]. 对外传播，2018（4）：58-60.

本改变，但随着我国国际传播建设的持续发力和对互联网技术机遇的及时把握，我国媒体的国际传播力和影响力取得了长足进步。在“一带一路”国际合作高峰论坛、G20峰会、南海仲裁案、世界互联网大会、中非合作论坛等国际热点事件中，我国媒体抓住时机，在内容和形式上推陈出新，推动国际形象塑造从以往的“他塑”逐渐向“自塑”积极转变。中国特色社会主义建设新时代，迅猛发展的传播新技术和稳步推进的网络强国战略，为我国新闻媒体竞争力和国际传播能力建设创造了前所未有的发展机遇和上升空间。通过新媒体的积极运用和媒体间的深度融合，我国新闻媒体“后来居上”，扭转传统媒体时代“西强我弱”的被动局面。

四、社交媒体与国际传播力路径重构

虽然国际传播是以国家为主体的，但过去由主流传统媒体垄断发声的局面已然被打破。一方面，崛起的新媒体平台集聚着构建一国国家形象的海量素材，成为全球网民了解和认识一个国家时重要的信息来源[1]，另一方面，通过新媒体技术和平台，各媒体、机构、组织和个人都参与到国际传播中来，影响着国际舆论的动态变化。《中国媒体微传播国际影响力年度报告（2018）》指出，

[1] 杨枭枭，李本乾．国际网络社交平台中国形象的建构与书写 [J]. 广西民族大学学报：哲学社会科学版，2019，41（1）：158-162.

以社交媒体为中心的新媒体时代，中国媒体国际微传播面临新挑战，亟须注重“软性”传播策略，及时关注用户反馈，调整社交平台内容生产策略，提高传播内容质量[1]。我国新闻媒体也积极调整思维和理念，打造良好的社交媒体产品矩阵，重构国际传播力和影响力的新路径。

一是主动借助国际主流社交媒体等新媒体平台传播中国声音。2011 年 5 月，《人民日报》在脸书上注册账号——“@人民日報 People’s Daily”和“@People’s Daily, China”——分别用中文繁体和英文发布内容，成为最早一批“登陆”海外社交媒体的中国主流媒体。2012 年 2 月，新华社在推特上开设账号“@XHNews”，并于 2015 年 3 月在海外社交媒体平台开启统一账号“New China”[2]。此外，中央电视台、《中国日报》等主流媒体也纷纷入驻脸书等国际社交媒体，积累了大批粉丝，收获大量关注、点赞、评论和转发。借助国际新媒体平台的影响力和公信力，我国主流媒体话语辐射范围得以提升，取得了突围的阶段性成果。

二是积极加强国内新媒体平台建设与国际传播力度。随着国内新媒体的快速发展，自主平台的搭建与海外布局成为拓展传播渠道、增强国际影响力的重要举措。如前所述，新华社、《人民

---

[1] 章晓英，刘滢，卢永春 . 中国媒体微传播国际影响力年度报告（2018）[M]. 北京：社会科学文献出版社，2019.

[2] 刘鹏飞，张力，周亚琼 .2015 年中国互联网国际舆论研究报告 [J]. 中国报业，2016（15）：49-51.

日报》等传统媒体是外媒报道中国重要消息的来源，同时，微信、微博等新媒体也在越来越多地被国外媒体所关注。2017 年，微信和微博分别被外媒引用 15420 次和 12932 次，超过了《人民日报》的被引用量[1]。以今日头条等爆款移动应用软件而闻名的互联网公司字节跳动“出海”以来，截至 2018 年 6 月，海外用户规模已接近整体用户规模的 20%，产品和服务已覆盖全球 150 个国家和地区[2]。

五、媒体融合撬动国际竞争力提升

2019 年 3 月 15 日，习总书记在《求是》杂志发表《加快推动媒体融合发展 构建全媒体传播格局》，强调要深刻认识全媒体时代的挑战和机遇，加快推动媒体融合发展，使主流媒体具有强大传播力、引导力、影响力、公信力。对布局多年的媒体融合进程，提出了更高和更迫切的要求，全媒体深度融合成为我国对外传播变革的重大机遇[3]。

首先是顶层设计和组织架构方面的融合。通过统一的传播

---

[1] 吴瑛．十九大后国际舆论的新格局与新走势 [J]. 对外传播，2018（4）：4–6.

[2] 艾媒咨询．字节跳动研究报告：以智能算法为驱动的互联网新巨头 [EB/OL].（2019–03–08）. https://www.iimedia.cn/c1000/63778.html.

[3] 陈龙．全媒体深度融合是对外传播变革的机遇 [N]. 中国社会科学报，2019–04–26（5）.

策略和方案规划，以顶层设计的形式全盘规范国际传播路径，增强对外话语的创造力、感召力和公信力，传播好中国声音，阐释好中国特色。2018 年 3 月，中央整合中央电视台（中国国际电视台）、中央人民广播电台、中国国际广播电台，组建中央广播电视总台，作为国务院直属事业单位，归口中宣部领导。此举聚合资源优势，旨在推动媒体融合发展，加快国际传播能力建设。

其次是传播渠道和产品层面的融合。随着互联网技术的更新迭代和媒体融合发展的深入推进，集中策划、一次采集、多种生成的联动报道和多种媒体、多样形式、多元传播的融合报道成为主流。移动化、社交化、可视化、场景化成为国际传播趋势，除了常规性报道，传统媒体与新兴媒体融合催生了大量媒体融合产品，微视频、网络直播、图解、H5、VR 等传播样态渐成标配。同时，用户在媒体融合发展过程中被格外重视。新闻媒体依托形式创新积极转变话语体系，细分国际用户不同的信息接收习惯和需求，通过数据新闻、典型案例、具体细节等提升传播效果，国际传播内容也因此更具亲和力和传播力。

随着媒体融合发展的不断深入，其对我国软实力建设，尤其是国际传播能力的提升作用日益凸显。“在融合发展理念的指导下，国际传播理念、方式、渠道等不断更新，国际传播体系进一步升级[1]。"作为新闻媒体，如何紧扣时代脉搏、顺应时代潮流，发挥融合媒体优势，打造优质产品，讲好中国故事，展现真实、立体、全面的中国，是一道长久的时代命题。

第二节 网络化信息化与国际话语权争夺

你知道吗？

国际话语权是一国实力和影响力的重要体现，是国际政治权力关系的现实反映，是大国博弈的一个重要方面。各种国际话语权之争的本质就是国家利益的博弈，掌握了国际话语权就意味着更多的主动权和发言权。

回顾世界历史，一个大国经济实力的迅速崛起并不意味着国际话语权会自然提升，而是需要有意识的战略设计和多维塑造。

[1] 于运全，王丹．媒体融合发展助力国际传播能力建设 [N]. 中国社会科学报，2019-04-26（5）.

当前，中国综合国力与国际影响力加速提升，中国道路和中国模式对国际社会产生了广泛而深远的影响。这既为国际话语权的提升奠定了坚实基础，同时也无可避免地带来了新的挑战。

中国的快速崛起对西方主导的价值体系和发展模式产生了巨大冲击，西方一些政客和媒体借助其强大的国际话语权，企图对中国实行"软遏制"，"中国威胁论""中国崩溃论"甚嚣尘上，"锐实力"（sharp power）则是近两年来"中国威胁论"的一个变体。毛主席曾说，"扫帚不到，灰尘照例不会自己跑掉"。倘若不对各种"中国威胁论"仔细分析、积极应对，这些不实之词仍有可能在国际社会上蒙蔽其他国家广大民众，给中国的国家形象和国际发展环境带来不利影响。

一、国际话语权的内涵及其影响

"话语"和"权力"最早分属于语言学和政治学的概念，首次将二者结合成"话语权"的是法国学者米歇尔·福柯。在福柯看来，"话语只是被词语符号所表象的表象本身"，在任何社会里，权力都是为话语所固有的，权力产生话语，话语扩张权力[1]。福柯的话语权力观一经推出，受到广泛重视，对西方政治学、传播学、人类学等学科产生了深刻影响。英国学者诺曼·费尔克拉夫指出，

[1] 米歇尔·福柯．词与物 [M]. 莫伟民译．上海：上海三联书店，2001：104.

“话语作为一种政治实践，建立、维持和改变权力关系，并且改变权力关系在其间得以获得的集合性实体（阶级、集团、共同体、团体）”[1]。简言之，话语权可以理解为话语主体通过语言、文字等其他形式来传递信息、传播观点、影响舆论的权力和权利。

随着话语权概念在社会科学中的广泛应用，西方学者开始在国际关系研究领域引入了“国际话语权”的概念，并将其视为国际政治层面下国家“软实力”的一种表述，如1990年哈佛大学教授约瑟夫·奈的成名作《软实力：世界政治中的成功之道》。此外，西方还借用传播学的相关理论和实践，强调他国舆论对外交政策和国家形象的影响，如美国学者嘉戴尔斯与麦德沃合著的《全球媒体时代的软实力之争——伊拉克战争之后的美国形象》[2]。

近年来，国内学界就“国际话语权”问题也进行了多维、深入的探讨。方正曾将学界对国际话语权的概念进行界定，总结出基于国际政治权力关系、基于国家利益、基于国家形象和基于文化软实力四个视角。陈正良等认为，国际话语权不仅是一个国家在世界上“说话”的权利，更是指“说话”的威力与有效性[3]。邓

---

[1] 诺曼·费尔克拉夫．话语与社会变迁 [M]. 殷晓蓉译．北京：华夏出版社，2003：85.

[2] 吴贤军．中国国际话语权构建：理论、现状和路径 [M]. 上海：复旦大学出版社，2017.

[3] 陈正良，周婕，李包庚．国际话语权本质析论——兼论中国在提升国际话语权上的应有作为 [J]. 浙江社会科学，2014（7）：78-83+158.

纯余、徐柏才认为，国际话语权包含了国际议题设置、贸易规则制定、国际舆论引导、国家理念传播、国际问题评议以及国际事务决策等内容，在国际交往中发挥着“世界秩序整理”的功能。但在建构国际秩序的过程中，拥有国际话语权的国家行为体往往以本国的价值规范与利益逻辑作为国际事务处理的标准，因而对国家利益的争夺是国际话语权的本质体现[1]。

可见，国际话语权是指一个国家在国际社会中有权力表达涉及国家利益和其所承担国际义务的具体主张，并且这些主张能够在国际社会产生影响力和引导力，取得一定程度的理念认同，达成价值共识。话语主体、话语内容、话语媒介、话语场域、话语对象、话语反馈，是国际话语必不可少的六大要素。其中，话语内容包括对国际现象和国际事件的描述和评价、对国家意图和国家行为的解释和定性，以及对国际规则和国际道义的阐述与主张等，它体现了国家的意志与利益。

二、中国国际话语权的发展历程

中国对国际话语权的认识是一个逐步深入的长期发展过程，经历了从模糊认识到日益强调和努力塑造及提升的一个由弱到强的变化过程。这种变化同中国在不同阶段的国家实力、国际影

[1] 邓纯余，徐柏才．论当代中国价值观念的国际话语权 [J]. 马克思主义与现实，2017（6）：141-148.

响力和自我身份定位息息相关,也与不同时期的国际社会环境紧密相连,更是直接影响了中国国际话语权的构建。目前,中国的国际话语权仍然处于机遇与挑战并存的发展阶段。一方面,国际话语权构建受到高度关注,并取得了显著突破;另一方面,国际话语权还存在不少问题和障碍,中国国际话语权构建仍然任重而道远。

新中国成立初期,中国经济实力弱,国力匮乏,1952 年中国国内生产总值仅为 679 亿元人民币。国际环境恶劣,一方面受到以美国为首的西方阵营的强势话语和意识形态的打压;另一方面,中苏同盟分裂后中国面临着来自苏联的压力与制约。当时的中国游离于国际体系之外,在国际组织中处于缺位状态,国际话语权更无从谈起。面对严峻的话语困境,中国并未将国际话语权建设束之高阁,在打碎旧有话语体系的同时,提出一系列国际关系新主张、新理念。毛泽东提出了“两个中间地带”“三个世界”理论,周恩来提出了“和平共处五项”“求同存异”原则,中国还同苏联围绕无产阶级、马克思主义、修正主义等问题展开论战,明确提出反对帝国主义、殖民主义和霸权主义的主张。与此同时,中国积极参加日内瓦、万隆等国际会议,向世界各国阐述中国观点、态度和主张,为发展中国家“发声”,中国也在恢复联合国合法席位后加入了联合国教科文组织等国际组织,对提升中国国际话语权起到了重大作用。

十一届三中全会后,我国将党和国家的工作重心转移到经济建设上来，集中发展国内经济。20 世纪 80 年代末 90 年代初，东欧剧变、苏联解体，美苏对立的两极格局不复存在，世界局势发生了深刻变革，给中国带来了严峻的外部挑战。与此同时，西方"和平演变"势力不断增强，以美国为首的西方国家在国际上封锁、孤立和制裁中国，使中国遭受了巨大的经济、政治和话语压力。邓小平审时度势，提出"韬光养晦，有所作为"的战略思想，在国际话语权的追求方面保持低调姿态。一方面，在当时严峻形势下，"韬光养晦，有所作为"战略思想的提出为中国争取了一个相对和平、稳定的环境，使饱受磨难的中华民族抓住了难得的历史机遇，在各个方面都获得较快的发展[1]。另一方面，在这种外交大环境下，中国国际话语权的发展出现了较长时期的停滞，并在西方话语的压制下居于弱势，难以有效应对西方国家的"无理责难"[2]。

进入 21 世纪，中国越来越意识到话语权和软实力对于国家形象和国家利益的重要性，并提出了一系列在国际上具有广泛影响力的话语概念。2006 年，胡锦涛在中国文联第八次全国代表大会、中国作协第七次全国代表大会上使用了"文化软实力"概念，一年后，"文化软实力"被写入党的十七大报告。2008 年

[1] 李海龙．"韬光养晦，有所作为"的新挑战与新发展 [J]. 领导科学，2014（20）：54–56.

[2] 张新平，庄宏韬．中国国际话语权：历程、挑战及提升策略 [J]. 南开学报：哲学社会科学版，2017（6）：1–10.

话语权争夺

北京奥运会及两年后上海世博会的成功举办,中国的大国意识和自信心逐渐增强。2010年,中国的国内生产总值超过日本,成为世界第二大经济体,然而经济强国地位与国际话语权弱势地位的反差更加凸显。中国在官方文件和多个重要场合屡次强调提高国际话语权和规则制定权等,国际话语权成为政府层面的显性词汇。

2012年11月,习总书记首次提出"中国梦",引发国际热议。2013年,习总书记先后提出共建"丝绸之路经济带"和"21世纪海上丝绸之路"的重大倡议,得到国际社会高度关注。此外,继提出"中美新型大国关系"和"亲诚惠容"周边外交理念后,中国又相继提出以合作共赢为核心的"新型国际关系""亚洲安全观"等外交理念,得到国际社会的广泛认可。同时,在亚太经合组织领导人非正式会议、博鳌亚洲论坛、中非合作论坛、G20峰会、金砖国家领导人会晤等国际会议上,中国积极开展主场外交,向世界表达中国立场、传播中华文化、提出中国方案,推动国际规则完善和全球治理体系变革。此外,中国还积极推动建立双边或多边的合作机制,如中欧"16+1"合作机制等,推进与世界各国各领域的务实合作。中国国际话语权也在主场外交和国际合作中得到进一步提升。

中国国际话语权在显著提升的同时,仍然面临诸多挑战和问题,主要体现在两个方面:一是长期被西方话语霸权压制,话语处于弱势被动地位。二是文化软实力影响力有限,自身话语建设能力不足。中国的经济发展有目共睹,但我国在文化软实力方面的影响力却相对有限。同时,国际议题设置能力相对不强,中国的国际话语视角相对单一,在内容设计上也缺少针对不同话语对象的独创话语,中国国际话语的逻辑性、说服力和吸引力有待提升。

三、传统领域到网络空间的重点转移

国际话语权可以用来表示一个国家在国际社会整体性的话语权,也可以用来表示不同层面、不同问题领域的话语权状况。“西强我弱”可以说是对长期以来整体性国际话语结构的概括,而在贸易、科技、学术、环境保护、网络治理等具体领域,各国的国际话语权强弱则各有不同。同时,一国在某一领域拥有较强的话语权,并不意味着在另一领域的话语权也强。从党和国家领导人提出的各项要求来看,中国强调要在经济、科学技术、网络安全、哲学社会科学等多领域提高国际话语权[1]。

随着全球信息化、网络化的深入发展,国际话语权的理论内涵和实践意义有了新的变化。一方面,当前国际话语权正在由国家行为主体向非国家行为主体扩散,突破了以国家及官方媒体为行为主体的单一状况。各类社交媒体打破了原有的信息发布和传播模式,也成为展示和争夺国际话语权的平台。

[1] 孙吉胜.中国国际话语权的塑造与提升路径——以党的十八大以来的中国外交实践为例[J].世界经济与政治,2019(3):19-43+156.

另一方面，世界主要国家都把互联网作为谋求竞争新优势的战略方向，都在努力加强新一代网络信息技术的战略布局和推广应用，争夺网络空间发展的国际主导权[1]。在互联网领域，西方国家凭借科技信息优势占据话语主动地位，如何将中国网络话语由"被动"转为"主动"，将网络国家形象由"他塑"转为"自塑"，提升网络话语权的国际影响力，是我国面临的一个重大课题。

美英两国互联网政策（不完全统计）

美国：2000 年《信息系统保护国家计划》，2011 年《联邦云计算战略》，2013 年《大数据研究和发展计划》，2015 年《数字经济议程》，2016 年《国家人工智能研究与发展战略计划》《国家制造创新网络战略计划》，2018 年《国家网络战略》。

英国：2009 年《数字英国》《英国网络安全战略》，2010 年《数字经济法》，2013 年《信息经济战略》，2017 年《英国数字化战略》《数字经济法》《数字技能合作伙伴》，2018 年《数字宪章》《人工智能行业新政》《产业战略：人工智能领域行动》。

问题的解决，中国给出了两大策略：一是大力发展信息科技，建设网络强国；二是加大力度提升主流意识形态网络话语权。先

[1] 汤景泰，林如鹏. 论习近平新时代网络强国思想 [J]. 新闻与传播研究，2018，25（1）：5−20+126.

看第一大策略。一方面，把握世界互联网发展大势，大力发展网络信息产业，加快核心技术自主创新，推动互联网和实体经济深度融合，将经济发展优势转化为对外话语主动权。2015年两会提出“互联网+”概念，2019年两会提出“智能+”概念。从“互联网+”到“智能+”，再到“深化大数据、人工智能等研发应用，打造工业互联网平台，拓展‘智能+’，为制造业转型升级赋能”。政府工作报告表述的变化，是国家发展战略和重心的又一次转型升级。

另一方面，网络治理法治化大步迈进，多部政策法规密集出台。习总书记在2016年4月的网络安全和信息化工作座谈会上指出，目前大国网络安全博弈不单是技术博弈，还是理念博弈、话语权博弈。2016年10月，中央政治局就实施网络强国战略进行第三十六次集体学习，习近平对网络强国建设提出了六个“加快”的要求，其中之一便是“加快提升我国对网络空间的国际话语权和规则制定权”。同年11月，《中华人民共和国网络安全法》高票通过。同年12月，《国家网络空间安全战略》发布。

再来看第二大策略。一方面，在增强网络话语全球性的同时，展现网络话语的中国特色。要用好互联网这个“最大变量”，寻找网络话语传播的“最大公约数”，扩大网络话语传播格局，树立正面的国家形象，促使中国在国际社会上获取更大的信任。要挖掘中华优秀传统文化的深层价值，运用网络积极传播优秀传统文化，提升中国话语的魅力与感召力。

另一方面，以发展中国家姿态谋求广泛合作，携手推进全球网络治理。要树立网络外交思维，创新网络媒体发展的方式方法，营造良好的网络对话交流氛围，增强中国网络话语在国际网络传播体系中的分量与地位。要在各种国际组织和平台上推进网络安全的对话与合作，努力从网络空间安全的倡导者、建设者向引领者转变。

四、软硬并重构建中国国际话语体系

综合国力的提升、信息化网络化的深入推进，为中国国际话语权构建提供了有利条件。软硬并重继续增强综合国力，积极推进外交理论和实践创新，深入参与网络空间全球治理体系建设，加强新时代中国国际话语体系建设。

（一）硬实力的增强是国际话语体系构建的重要基础

长期以来，西方国家将强大的硬实力运用一系列的制度安排和战略布局，经由多种渠道和方式表现出来，奠定了由其主导的国际话语格局的根基[1]。要打破美国主导的西方话语霸权的包围，必须不断做强我国经济、科技、军事等各方面实力，为国际话语权的提升奠定牢固的硬实力基础。

（二）软实力的提升是国际话语体系构建的必然要求

在全球化的早期阶段，硬实力是综合国力和国际话语权的主

[1] 江涌．中国要说话，世界在倾听——关于提升中国国际话语权的思考 [J]. 红旗文稿，2010（5）：4–8+1.

要支撑。而在当今世界，单纯的经济和军事实力已不再是赢得国际话语权的制胜法宝。以硬实力为基础、软实力为保障的国际话语体系构建，影响了国际议题的设置、国际规则的制定和国际舆论的导向。要反制西方对中国的话语霸权、构建中国的国际话语体系，必须将文化软实力建设放在国际竞争战略的突出位置[1]。

中华文化是我们提高国家文化软实力最深厚的源泉，要始终以中国特色为抓手，树立文化自信和文化自觉，从优秀传统文化中汲取精神养分，运用网络积极传播中华优秀传统文化，推动中国传统文化走向世界，构建中国特色网络话语体系，全方位展示中国文明、民主、开放、进步的负责任大国形象。

（三）多主体的协同是国际话语体系构建的重中之重

中国故事，是运用中国话语关于改革开放实践的现实表达。讲好中国故事，就是讲好中国国家建设的故事，就是鲜活地向国际社会展示中国思想、中国道路及中国文化。

讲好中国故事、增强国际话语权不仅仅是党政机关和新闻媒体的责任与使命，更是在国际传播中以人为中心的社会组织、企业、科研机构等多元主体对中国的协同自塑与传播。官方与民间多元主体齐心协力，共同构建起一套主流话语（政府和党的话语）为政治主导、精英话语（智库研究、学术话语）为学理支撑、大众话语（文艺作品、网络语）为传播基础的世界认同的国际传播话

[1] 檀有志．国际话语权竞争：中国公共外交的顶层设计 [J]. 教学与研究，2013（4）：62–70.

语体系[1]。

互联网时代，信息传播渠道和主体更为多元、传播结构更为扁平化，全球被带入一个众声喧哗的媒介化社会，作为全球用户的主要信息获取平台的推特、脸书、微信等新兴媒体成为重要且关键的话语平台，颠覆了传统的传播秩序和传播格局。国际话语体系的构建需要符合时代语境要求，注重多主体之间的协同作用，创新传播方式和搭建传播平台，推动一个多层次、众领域、全空间、跨平台的立体国际话语体系的建立和发展。以党政机关、国家领导人在正式外交场合发出的权威声音为指引，将主流新闻媒体作为中国形象在网络空间传播和塑造的主力，开展民间层面的经济、文化和学术交流，与业界翘楚、非政府组织负责人、西方意见领袖等知名人士的对话，在构建新时代中国国际话语体系的过程中能起到“润物细无声”的效果。

---

[1] 罗先勇．构建新时代国际传播话语体系的路径选择[J]．对外传播，2019（2）：45–47.

第三节 网络化信息化与全球网络空间治理

你知道吗？

网络空间在给人类带来巨大发展和机遇的同时，风险与问题也愈加严峻复杂。互联网的互联互通，使得各国互联网建设成为全球网络建设的一部分，因此各个国家的网络建设和治理都不可能在封闭的环境中进行，网络空间各种新型安全问题也很难依靠单一国家或组织来解决，而是需要世界各国的通力合作。自2003年联合国举办信息社会世界峰会开始，互联网的全球治理，就已成为攸关世界各层次主体切身利益的时代性重大议题。那么，究竟什么是“全球网络治理”，它又因何成为一个讨论多年，却始终难以达成共识的难题呢？

一、第五疆域与全球网络空间治理

互联网自诞生以来，就以几何级的速度发展，而网络空间，就是构筑在互联网基础设施之上，能够为人类社会活动提供服务的虚拟空间。伴随着全球数字化浪潮，“地球村”从构想逐步成为现实，网络空间已成为继陆、海、空、天四大疆域后，人类生存、发展和创造的“第五疆域”[1]。

我们首先来了解一下网络治理的历史。网络治理，最早由国际电信联盟于 1998 年正式提出。2005 年，联合国互联网治理工作组（WGIG）将其界定为“政府、私营部门和民间社会根据各自的作用制定和实施旨在规范互联网发展和使用的共同原则、准则、规则、决策程序和方案”[2]。下表所列九大机构，加上其他相关机构为互联网运行提供了技术支持，掌控了全球互联网关键基础设施以及技术层面的标准或协议，是全球网络治理的核心和基础。

然而，分析这些机构的成员构成可以发现，它们主要掌控在以美国为首的西方国家手中。当然，全球网络治理并不限于此，亚太经合组织、东南亚国家联盟、欧盟、国际电信联盟等都在某种程度上扮演着相关角色。

[1] 新华网 . 中国工程院院士：网络空间是国家安全“第五疆域”[EB/OL].（2014-11-11）. http://www.chinanews.com/gn/2014/11-11/6767167.shtml.

[2] Working Group on Internet Governance，“Report from the Working Group on Internet Governance”，Document WSIS — II/PC — 3/DOC/5 — E，August 3，2005，p. 3.

	建议	社区协议	教育	运行	政策	研究	标准	服务
互联网架构委员会（IAB）	√	√			√	√		
互联网名称与数字地址分配机构（ICANN）		√		√	√			√
国际互联网工程任务组（IETF）		√			√	√		
互联网研究专门工作组（IRTF）								
国际标准化组织（ISO）						√		
国际互联网协会（ISOC）		√	√		√			√
地区性互联网注册管理机构（RIR）				√	√			√
万维网联盟（W3C）							√	
互联网运营者联盟（INOC）	√			√				√

主要全球互联网运行组织功能分布[1]

由于历史原因，现阶段从根本上支撑全球互联网运转的关键资源、基础设施和核心技术等，几乎均被以美国为主的西方发达国家所垄断，为其控制全球互联网、施行网络霸权提供了技术基

[1] 支振锋．互联网全球治理的法治之道[J]．法制与社会发展，2017，23（1）：91-105.

础[1]。在过去的 IPv4（互联网协议第四版）体系内，美国拥有全球互联网唯一的主根服务器，其他 12 个辅根服务器，9 个在美国，日本、英国和瑞典各具其一。2001 年之后，13 个根服务器不再有主辅之分，多了个“隐藏发布主机”，由美国威瑞信公司掌握[2]。2014 年，美国商务部宣布放弃对 ICANN 的控制权，但明确拒绝由联合国或其他政府间组织接管，互联网并未因此迎来真正“独立日”。于是我们看到：数字鸿沟持续扩大，互联网发展极度失衡，网络霸权堂而皇之，诸如“棱镜门”的网络监听、通信拦截等事件大行其道。直到 2017 年，由中国主导的“雪人计划”在全球完成 25 台 IPv6 根服务器架设，才逐渐打开多边、民主、透明的互联网新格局。

显然，集个别霸权国家或国家集团之力的网络空间治理体系，已无处理全部安全隐患的能力，为应对纷繁复杂的安全问题，治理体系变革势在必行。与此同时，现有的治理体系无法反映国际政治经济实力和互联网发展水平对比的新变化，处在治理体系边缘的新兴国家没有获得与自身安全需求和实力相匹配的权力与保障，其在网络空间全球治理从决策到执行的过程中，缺乏相应的话语权和国际地位。

---

[1] 支振锋 . 构建网络空间命运共同体要反对网络霸权 [J]. 求是，2016（17）：57−59.

[2] 沈逸 . 互联网迎来“独立日”？ [N]. 21 世纪经济报道，2016−03−21（8）.

二、模式之争与网络空间治理博弈

尽管“全球网络治理”这一概念在各种场合被高频使用,但目前并没有一个普遍认可的定义。基于各国政治体制、经济模式和社会文化背景等差异与国家利益和现实层面的考虑,全球至今尚未形成各国支持并共同遵守的网络空间行为规范,在治理尺度和边界问题上难以达成共识。

为走出网络空间治理困境,国际社会从未停止探索的步伐。治理议题:这个领域哪些内容是大家关心和讨论的?治理主体:哪些行动主体主导和参与互联网治理,保持怎样的相互关系?治理行动:如何展开行动,其原则或模式是什么?治理地域:治理应该在什么样的尺度和边界内展开?这些基础问题均是各国在追求走出治理困境的同时兼顾自身权益的博弈重点。

社会层面	国家信息安全、网络赋权、网络空间人权、网络隐私、网络犯罪、电子政府、数码鸿沟 ……
内容层面	电子知识产权、网络图书馆、垃圾邮件、网络视频、社交网络、移动互联网、网络交易 ……
技术层面	互联网名称和数字地址、互联网域名系统、网络数据交换规则、根服务器运作与管理、云计算 ……
基础设施层面	光纤宽带、ADSL 宽带、无线网络、全球移动通讯系统、通讯卫星 ……

互联网治理的议题层次[1]

[1] 章晓英,苗伟山 . 互联网治理:概念、演变及建构 [J]. 新闻与传播研究,2015,22(9):117-125.

随着互联网技术和国际社会的发展演进，全球网络治理模式经历了从自由主义、技术主义、社群主义、威权主义到多利益相关者的转变[1]。1996年，约翰·佩里·巴洛发表轰动全球的《网络空间独立宣言》，以网民代言人的姿态向世界宣告："你们在我们居住的地方没有主权。网络空间不存在于你们的边境之内。"他把网络空间描述成了一个脱离现实存在的虚拟王国。由此，自由主义思维主导了人们对网络政治效应的早期认识[2]。后来，"代码即法律"的观念开始出现，劳伦斯·莱斯格提出网络空间中某只看不见的手"由政府和商业机构共同推动，正在打造一个能够实现最佳控制、高效规制的架构"[3]。社群主义模式则强调不依靠政府干预或政府进行很少的监管，而依靠互联网中的组织或个人根据现有法律或规则进行管理，从而实现网络自治。但部分人对此持怀疑态度，他们坚持政府选择性监管才是促进自由民主理想的保证，于是威权主义模式逐渐兴起。然而该模式同样遭遇不小的挑战，一味强调政府管控的重要性容易放大政府力量，况且政府并非万能，还需重视与多方利益相关者的合作。于是，由互联网名称与数字地址分配机构发展而来的"多利益相关者模式"延续至今。

---

[1] 罗昕．全球互联网治理：模式变迁、关键挑战与中国进路[J]. 社会科学战线，2017（4）：176-188.

[2] 罗昕．全球互联网治理：模式变迁、关键挑战与中国进路[J]. 社会科学战线，2017（4）：176-188.

[3] 劳伦斯·莱斯格．代码2.0：网络空间中的法律[M]. 李旭，沈伟伟译．北京：清华大学出版社，2009：4-5.

总体而言，网络治理理念呈现出由“去主权化”到自由主义式微，再到网络空间“再主权化”的演变过程。概念争议与模式变迁的背后，隐含着深刻的国家利益博弈。现阶段，在互联网治理态度方面主要有两类观点，一类以美国为首，主张政府有限作用的多利益攸关方模式，一类以中国、俄罗斯为代表，由联合国牵头并由国家主导的多边主义模式，而巴西、印度等一些新兴经济体被形容为“摇摆国家”[1]。其中，“多利益攸关方模式”和“政府主导下的多边模式”两种治理模式之争，已经成为近年来全球网络空间治理竞争的典型代表，由此也催生了大量聚焦两种全球互联网治理模式竞争与合作的相关研究。

三、网络命运共同体构建与中国方案

2019 年 10 月 22 日，第六届世界互联网大会在中国乌镇圆满闭幕。至此，乌镇已经成功举办六届世界互联网大会，不仅见证了互联网技术的日新月异，还见证了习近平关于“网络空间命运共同体”这一全球互联网治理中国方案重要论述的演进、发展与日臻完善。

我国关于网络空间命运共同体的探索，大致可以分为两个阶段，即以国内网络建设为主的理论构思阶段扩展至全球网络治理

[1] 蔡翠红 . 网络地缘政治：中美关系分析的新视角 [J]. 国际政治研究，2018，(1)：9–37.

的实践探索阶段。国内网络建设的由大入强，为我国参与全球网络治理、提出中国方案提供了技术支撑与道义支持；反之，全球网络空间治理的实践探索，也促进了我国网络强国建设的进一步深化细化。在此过程中，"中国互联网建设成功实现了由独善其身到兼济天下的过渡"[1]。

资料链接

世界互联网大会历届主题

第一届（2014.11）：互联互通·共享共治

第二届（2015.12）：互联互通·共享共治——构建网络空间命运共同体

第三届（2016.11）：创新驱动·造福人类——携手共建网络空间命运共同体

第四届（2017.12）：发展数字经济·促进开放共享——携手共建网络空间命运共同体

第五届（2018.11）：创造互信共治的数字世界——携手共建网络空间命运共同体

第六届（2019.10）：智能互联·开放合作——携手共建网络空间命运共同体

---

[1] 张卫良，何秋娟．网络空间命运共同体建设的"e带e路"向度——习近平总书记关于网络空间命运共同体重要论述的形成及其实践路径 [J]. 理论月刊，2019（2）：138−144.

知因果而知者，始得真知。人类为什么要构建网络空间命运共同体？ 2014年7月，习近平在巴西国会的演讲中首次提出互联网治理体系，称“国际社会要本着相互尊重和相互信任的原则，通过积极有效的国际合作，共同构建和平、安全、开放、合作的网络空间，建立多边、民主、透明的国际互联网治理体系”。四个月后，在第一届世界互联网大会的贺词中，习近平郑重重申中国愿同世界各国携手努力，“建立多边、民主、透明的国际互联网治理体系”。然而，当时中国网络建设的重点仍在发展，在于“让互联网发展成果惠及13亿中国人民”，尚未真正跨入治理的阶段。

到了第二届世界互联网大会，我国互联网普及率较2014年底提升了0.9%，为48.8%。我国网络建设的目标由“网络大国”转变为“网络强国”，由追求网络普及的广度向追求网络普及的深度和网络经济空间扩展，促进互联网与经济社会的深度融合。“网络强国战略”和“网络空间命运共同体”横空出世、掷地有声。作为一个负责任的大国，中国积极参与全球网络治理，不断贡献全球网络空间治理的中国方案。在此过程中，网络强国战略不仅表明了我国网络建设的指导方针和目标追求，还对当下及未来全球网络秩序化、民主化，产生了重要而深远的影响。

讨论网络空间命运共同体，网络主权是绕不开的重要话题。早在2010年发布的《中国互联网状况》白皮书中，我国就明确提出“互联网主权”的概念。2015年7月正式施行的《中华人民共和国国家安全法》也明确了“网络空间主权”的概念。在第二届世界互联网大会上，习近平为治理国际互联网体系开出了四项原则的“中国药方”，其中就包括了“尊重网络主权”。在接下来的工作中，网络空间主权被多次强调与深化。2016 年中俄发表的《关于协作推进信息网络空间发展的联合声明》明确了其国际法意义。同年的第三届世界互联网大会，习近平重申“坚持网络主权理念”的网络空间主权观，以反击发达国家秉持的“网络自由”等网络霸权主义论述。2017 年正式实施的《中华人民共和国网络安全法》在第一条便阐明了“维护网络空间主权”的立法宗旨。

作为国家主权在网络空间的自然延伸和体现，网络空间主权也有相对应的四项，即独立权、平等权、自卫权和管辖权[1]。中国之所以理直气壮地提倡“尊重网络空间主权”，是因为网络空间主权的存在既具有客观逻辑，又具有法理支撑和现实依据。因此，网络空间主权相当重要，“网络主权原则不成为一个共识，实现全球网络空间治理多边、民主、公平、正义、透明，形成一个网络空间命运共同体就无从谈起”[2]。同时，从实践来看，网络空间主权早已客观存在于各国。当前，越来越多的国家正逐渐认同和支持网络主权原则，并将其视为网络空间国际交流与合作的重要原则。

---

[1] 李传军，李怀阳 . 基于网络空间主权的互联网全球治理 [J]. 电子政务，2018（5）：9–17.

[2] 张卫良，何秋娟 . 网络空间命运共同体建设的“e 带 e 路”向度 —— 习近平总书记关于网络空间命运共同体重要论述的形成及其实践路径 [J]. 理论月刊，2019（2）：138–144.

从第二届世界互联网大会开始,网络空间命运共同体的构建和共建,便被反复重申和强调。到了 2019 年第六届世界互联网大会,习近平在贺信中发出倡议,“各国应顺应时代潮流,勇担发展责任,共迎风险挑战,共同推进网络空间全球治理,努力推动构建网络空间命运共同体”。我国建设和发展互联网的出发点,由维护我国网络主权提升到共诉广大发展中国家的互联网发展,落脚点也由国内网络强国战略拓展到参与全球网络治理的高度,推动网络空间命运共同体逐步走向成熟。

网络空间是亿万民众共同的精神家园,推动全球互联网治理体系变革是大势所趋、人心所向。我国将继续秉承大国责任担当,坚持多边参与、多方参与、互信共治,让网络空间命运共同体更具生机活力。

第五章

网络强国与国际综合实力竞争

主题导航

1 网络化信息化与国际综合竞争力

2 网络化信息化与国际新秩序构建

3 网络强国战略实施的主要路径

党的十八大以来，以习近平同志为核心的党中央高度重视网络事业的发展，进行了一系列重要的顶层设计和战略布局。

在当前全球信息化背景下，网络实力是综合国力的重要组成部分，建设网络强国也成为实现中华民族伟大复兴的中国梦的必由之路。网络强国战略思想的形成，为这一目标指明了实现路径，提振了全社会信心，提供了行动指南。

第一节 网络化信息化与国际综合竞争力

你知道吗？

在现有国际竞争中，一国的强弱，不是取决于国家的经济力量、军事力量或文化力量等某一单方面的力量，而是取决于一国的综合国力。综合国力，是指一个国家发展中所拥有的全部实力的总和，全部实力包含着一个非常复杂的结构。

一、综合国力的基本结构与构成要素

历史上，为了方便测算，人们习惯用一个国家某一方面的实力来衡量综合国力。当然，仅用一个方面的实力来衡量一个国家的综合国力是片面的。国际上，第一个对综合国力进行系统测量的人是国际政治学家汉斯·摩根索。1948 年，汉斯·摩根索出版了一本成名作《国家间政治 —— 权力斗争与和平》，在书中他认为综合国力的构成要素有九项：军事准备、工业能力、地理条件、自然资源、外交质量、政府质量、人口、国民士气和民族性格。汉斯·摩根索的分类方法在世界范围内产生较大影响，被后来很多学者效仿。

2006年，中国社会科学院从技术力、人力资本、资本力、信息力、自然资源、军事力、经济力、外交力、政府调控力这九大方面，衡量世界各个国家的综合国力，发布了2006年《全球政治与安全报告》，美国的综合国力遥遥领先于其他国家，属于超级强国。其次，英国和俄罗斯分别位于第二名与第三名，之后依次是法国、德国、中国和日本。

2016年，又有学者从硬实力、软实力及巧实力三方面来衡量综合国力，其中硬实力包括经济、军事和科技实力，软实力包括文化、国家形象等，而巧实力则包括国家对国际形势的把握等。该学者预测，到2030年，综合国力排名前五的国家分别是美国、中国、俄罗斯、英国、德国[1]。

由此可见，虽然各方对综合国力的理解见仁见智，测量方式也各有差异，但无论怎么测算，总体而言，中国的综合国力一直在稳步提升，居于世界前列。

二、网络化信息化与综合国力的关系

如前所述，综合国力是一个复杂的概念，它由很多方面组成，包括硬实力、软实力等。网络化信息化的发展，必然会渗透进国

[1] 高红卫．2030年中国综合国力模型构建与预测 [J]. 管理观察，2016（32）：49-68.

家发展的方方面面，促进综合国力的全面提升。理解网络化信息化与综合国力的关系，需要分别理解它与经济、文化、社会生活的关系。

（一）网络化信息化与经济创新发展的关系

网络化信息化促进社会经济朝着现代化发展，是经济增长的驱动力。网络化信息化发展形成的数字经济，是经济创新化、现代化发展中极其重要的部分。数字经济，简而言之，就是互联网等数字技术广泛应用于生活中后所产生的经济系统。比如网上购物、用支付宝或微信转账、网上理财等，都是数字经济的一部分。在线听音乐、浏览网上博物馆或者上网课等休闲学习活动，也是数字经济在生活中的体现。中国信息通信研究院发布的《中国数字经济发展白皮书（2020 年）》显示，2019 年，我国数字经济增加值规模达到 35.8 万亿元，占 GDP 比重 36.2%，其中，北京、上海的数字经济在当地的经济发展中占主导地位。2019 年，数字经济总体规模中，产业数字化规模达到 28.8 万亿元，占比约 80%，数字产业化规模达到 7.1 万亿元，占比约 20%，服务业、工业、农业数字经济渗透率分别为 37.8%、19.5% 和 8.2%。这就意味着，中国经济发展总成果中有三分之一以上是数字经济带来的。数字经济也推动着就业升级。2018 年，中国数字经济领域就业岗位有 1.91 亿个，占全年就业点人数的 24.6%。很明显，数字化发展不仅是国家经济增长的引擎，还推动国民就业，增加经济收入。

（二）网络化信息化与文化发展的关系

网络化信息化推动文化多元化发展，增强国家软实力。网络化信息化的发展，对国家的影响可以分为对内和对外。对内丰富了民众的文化生活，对外有利于我国文化的国际传播。从民众文化生活来看，我国网民数量不断增加，90后和00后两代数码“原住民”登上历史舞台，老年群体也逐步开始进军互联网，人们在网络上的文化消费也不断被激活。中国互联网络信息中心发布的第46次《中国互联网络发展状况统计报告》显示，截至2020年6月，中国网民规模达9.40亿，相当于全球网民总数的五分之一，互联网普及率达67.0%，约高于全球平均水平5%。网络视频（含短视频）用户规模达8.88亿，占全体网民的94.5%，其中短视频已成为电商平台新标配、新闻报道新选择。网络新闻用户规模为7.25亿，占全体网民的77.1%，网络新闻借助短视频、社交等平台，以可视化的方式提升传播效能。从文化的国际传播来看，网络不仅是我们看世界的窗口，也是世界看我们的窗口，借助互联网技术的国际传播能力把源远流长、底蕴深厚的中华文化推向全世界。

综合国力、文化软实力和国际影响力之间联系紧密，首先文化软实力是国际影响力的重要组成部分，此外还包括科技影响力、政治影响力、经济影响力和军事影响力。一个国家崛起的标志是综合国力开始加速上升，综合国力的持续上升带动文化软实力的缓慢提升，当文化软实力进入生命周期最高点时，表明综合国力进入鼎盛时期，并持续稳定，直至进入下行阶段。综合国力下降最显性的表现是经济和军事实力的下降，下降初期文化影响力仍较为稳定，之后才会显示出衰落迹象，这意味着国家综合国力的全面衰落。

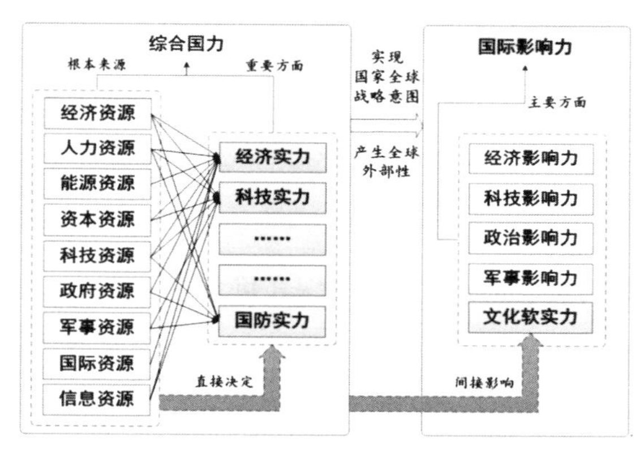

综合国力、文化软实力与国际影响力之间的关系[1]

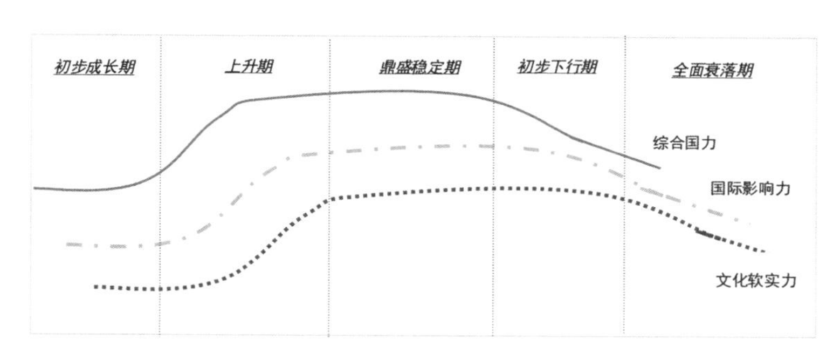

综合国力、国际影响力和文化软实力的周期变化图

梳理清楚综合国力、国际影响力和文化软实力的关系后，我们可以选取指标对文化软实力进行测量。有学者用五个指标来

[1] 杨竺松，胡明远，胡鞍钢．中美文化软实力评估与预测（2003—2035）[J]．清华大学学报：哲学社会科学版，2019，34（3）：155−167+197.

度量文化软实力[1]:文化同质性(相同民族文化国家数量)、文化传播力(电影境外票房收入、外国留学生总人数)、品牌竞争力(进入世界品牌价值500强企业数)、语言普及性(官方语言教学纳入国民教育体系的国家数)、空间吸引力(入境旅游人数)。通过衡量中国和美国从2003年到2016年的这五个大方面的数据,可以发现2003年中国的文化软实力得分不足美国的五分之一,到2016年,达到美国的三分之一[2]。而在电影方面,中国电影在走出去方面仍任重而道远,将中国文化的内在价值挖掘出来,充分与电影艺术相结合,打造出一条输出中国文化的影视通道,仍是需要继续努力的方向。

(三)网络化信息化与社会治理的关系

信息技术和数字技术的不断发展,推动整个社会的治理更加高效与智能。从智慧家居,到智慧社区,再到智慧城市与智慧中国,体现出我们所处环境的全面智能化发展方向。社会治理的智能化发展,越来越依赖于日新月异的信息技术的发展,大数据、云计算和人工智能技术的发展,能给政府提供更为稳健的决策基础。传统决策建立在少量"样本数据"的基础之上,样本量越少代表性越差,决策越不可靠。大数据带来的"全样本数据"可以

---

[1] 杨竺松,胡明远,胡鞍钢.中美文化软实力评估与预测(2003—2035)[J].清华大学学报:哲学社会科学版,2019,34(3):155-167+197.

[2] 杨竺松,胡明远,胡鞍钢.中美文化软实力评估与预测(2003—2035)[J].清华大学学报:哲学社会科学版,2019,34(3):155-167+197.

让决策更科学,不给“拍脑袋”决策留空间。不断健全的社会保障、不断改善的生活环境、不断完善的治理体系,必然促进社会的全面进步。

在数字治理方面,长期以来,我国各级政府秉持着鼓励创新、包容审慎的原则,给数字经济创新发展提供宽松的环境。同时,地方政府积极推进数字化转型,协同治理、依法治理,推动电子政务不断完善,提高公共管理能力。

(四)网络化信息化与社会生活的关系

网络化信息化对社会生活的影响已经渗透到衣、食、住、行等方方面面。除了衣食住行,“社交”则属于互联网发展过程中被彻底重构的生活领域。人类是社会性动物,从呱呱坠地开始便试图寻找自己的归属感与安全感。从古至今,人们对关系的需求从未减少过。社会学家费孝通先生曾在他的《乡土中国》一书中谈及中国人的关系网。在传统中国,血缘关系(亲人)和地缘关系(近邻)是最为基础的社交关系,血缘靠生育发展起来,其特点是稳定,地缘则依托地理上的接近,人们圈地为盟,共同生活,拥有“故土”和“乡亲”。无论是血缘还是地缘,都存在稳定性、确定性和鲜明的层次感。传统的人际关系便像是投石入水的涟漪,一圈圈扩

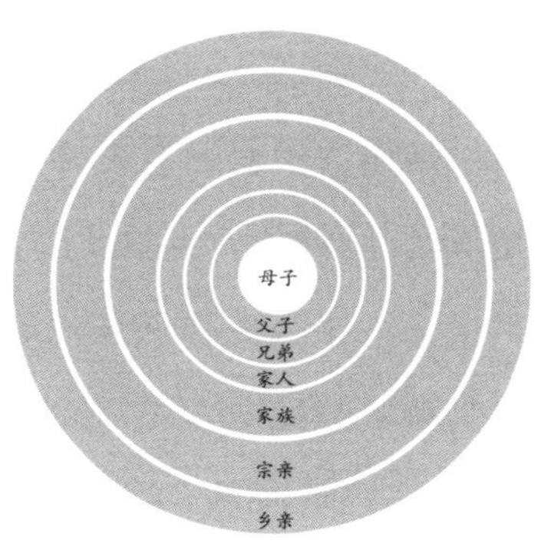

血缘、地缘关系图

展，愈近愈密，愈远愈疏。

随着网络化信息化的发展，人们依赖血缘与地缘的社交方式受到极大程度的冲击，传统社交由于被物理空间所限制，人们与外界的交流不太频繁且耗时较长，而数字技术突破了时空限制，人们的交往不再局限于血缘和地缘，而是以个人为原点呈放射状往外发散，所能覆盖的由原来的邻里乡亲拓展至全国乃至全球，在世界上形成一个四通八达的社交关系网。

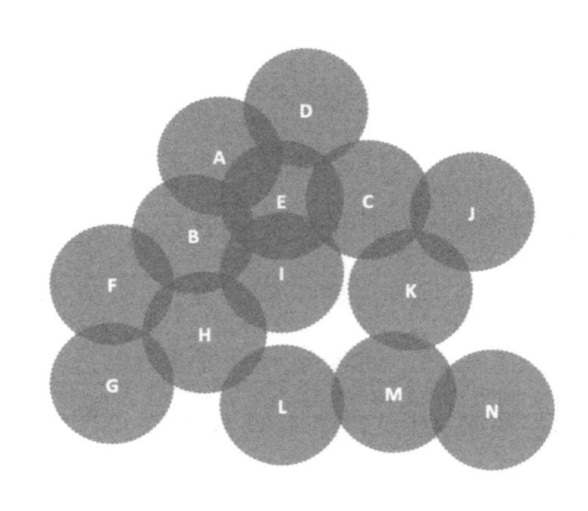

四通八达的社交关系网

从血浓于水的亲人，到素未谋面的陌生人，只要添加为好友，按下关注，就能看见彼此的日常生活。网络时代的社交媒体让我们进入一个人人皆网友的时代。网络社交几乎变成人们生活中最为频繁的社交方式，微信成为当下网络社交中使用率最高的软件。在微信中，我们的好友来自各个不同的社会阶层，除了地缘和血缘，还有学缘、业缘等多重关系。

20世纪90年代英国人类学家罗宾·邓巴提出著名的“150定律”。大意是，人的大脑提供的认知能力只能使一个人维持与大约150个人的稳定人际关系，这一数字是人们拥有的与自己有私人关系的朋友数量的上限。也就是说，人们可能拥有150名好友，甚至更多在社交网站上的“好友”，但只在现实生活中维持着大约150个人的“内部圈子”，而“内部圈子”好友是指一年中至少联系一次的人。这些好友中，强关系的约有30人，弱关系的约有120人。强关系是指家人、同学好友，弱关系是与其只联系过几次的朋友、网络和饭局上的朋友、朋友的朋友等。按照邓巴的定律，人们现实中能维持的弱关系人数较为有限，但是微信、推特和脸书等社交软件完全打破了这一限制，北京大学发布的《95后手机使用心理与行为白皮书》显示，2019年95后人均微信好友已经达到240人。网络社交平台成为弱连接的集大成者，大量随机的弱连接在关系网络中发挥桥接作用[1]。

哈佛大学和加利福尼亚大学教授在《大连接》一书中指出，“弱连接传递信息，强连接引发行为”[2]，弱连接能给工作与生活带来极强的影响。美国社会学家格拉诺维特曾对100个人做当面访谈，调查他们找工作的途径。结果发现，通过正式渠道申请找

[1] 喻国明，马慧．互联网时代的新权力范式：“关系赋权”——“连接一切”场景下的社会关系的重组与权力格局的变迁[J]. 国际新闻界，2016，38（10）：6-27.

[2] 刘斌，李磊．寻职中的社交网络“强连接”“弱连接”与劳动者工资水平[J]. 管理世界，2012（8）：115-128.

到目前工作的有46人,另外54个人则是通过个人关系找到工作的,且其中大多数个人关系均为弱关系。弱关系能在个人职业生涯、重要抉择中提供大量帮助信息。在现代生活中,微信等社交软件正是工作交流和人际关系维护的重要平台。

第二节　网络化信息化与国际新秩序构建

你知道吗?

网络空间秩序与现实世界的政治秩序既相关联,又相类似。1991年苏联解体后冷战结束,世界形成了一超多强的格局,美国这一超级大国与中国、日本、俄罗斯等多个强国并存发展多年。几十年间,随着中国改革开放、俄罗斯振兴经济计划、欧洲一体化、“一带一路”建设、金砖国家崛起等演变,世界政治格局正朝着多极化的方向发展。而在网络空间,除了国家与国家的关系以外,还有众多跨国企业与跨国公司利益集团,比如谷歌、微软、亚马逊、苹果等企业和相关的资本集团,相较于政府而言,这些集团在网络空间的话语能力、资源调动能力就要强大得多。不过，这些集团仍处于主权国家治理之下，企业的发展均是国家综合国力发展的重要体现，所以企业和相关的资本集团之间的网络空间格局，仍然可以用国家之间的网络空间格局来描述。

一、网络空间国际格局的三个梯队

如果把现实世界一超多强向多极化发展的国际关系格局投射到网络空间，可以清楚地看到，网络空间具有三个梯队的国际关系格局。作为网络大国，中国网民数量从 2008 年以来一直保持世界第一，互联网企业如雨后春笋般涌现，不断竞争、淘汰与壮大，追赶网络强国美国。作为技术创新的先驱，美国互联网企业的技术创新、体量规模、成熟制度和金融市场完善度均保持领先地位。在第一梯队，中国和美国两个超级网络大国在世界网络空间各领风骚，欧盟、日本、韩国和俄罗斯处在第二梯队。在第三梯队，巴西、印度等一批新兴市场国家，沙特阿拉伯等中东国家，组成互联网发展中国家序列[1]。

[1] 崔保国．网络空间治理模式的争议与博弈 [J]. 新闻与写作，2016（10）：23-26.

二、网络空间权利与自由的交锋

网络空间无法脱离现实世界而单独存在，国家之间综合国力的竞争已经从现实延伸到了网络空间，竞争的核心目的是构建新的国际秩序，维护国家利益。20 世纪 80 年代，社会学家阿尔文·托夫勒就在《第三次浪潮》中预言："谁掌握了信息，控制了网络，谁就将拥有整个世界。"进入 21 世纪，网络空间成为国际政治博弈的新领域。其中，"网络空间是否具有主权"成为国际博弈的焦点问题。

对此，不同国家的看法存在较大的差异。早在 2005 年，美国国防部就提出网络空间属于公共领域，可以等同于太空、天空和公海这类不属于任何国家的公共领域。而中国在 2010 年颁布的《中国互联网状况》白皮书中明确指出，互联网是国家重要基础设施，国境内的互联网属于国家主权管辖范围。中国强调主权的做法，在美国人眼里成为对信息自由流动的限制和干预[1]。2012 年，国际社会就此第一次出现了明显交锋。2012 年，联合国重要机构国际电信联盟召开国际电信世界大会，讨论如何修改《国际电信规则》，俄罗斯、沙特阿拉伯等国建议修改规则，让国际电信联盟在网络空间中发挥更大的作用，但美国、欧盟、日本等强烈反对，

[1] 崔保国．网络空间治理模式的争议与博弈 [J]. 新闻与写作，2016（10）：23–26.

认为这一做法违背了互联网“无国界”的性质[1],西方企业、非政府组织等呼声更高,抗议将互联网纳入联合国管理之下。虽然按照多数原则,大会通过了修订后的《国际电信规则》,中国、俄罗斯等 89 个成员国签署了该文件,但是以美国为首的 55 个成员国保留签字权,理由为“威胁互联网的开放性”。新规则在 2015 年 1 月 1 日生效。

目前,在网络主权问题上,国际社会初步分化为两大阵营:以欧美为代表的“多利益相关方阵营”,认为国家不具有主权,主张由非营利机构来管理互联网;以俄罗斯、中国等为代表的“网络主权阵营”,提倡政府主导模式。前者为既得利益者维护现有利益模式,后者则希望打破垄断,争取更大的话语权[2]。

两大阵营的分歧,体现了不同国家价值观的差别。互联网由欧美发达国家技术先驱发明创造,早在发展之初,他们就将西方文化中崇尚自由、开放的价值观植入技术构想。他们主张网络空间无边界、去主权化,呼吁网络空间自由发展,实现自治。互联网自诞生之日起,就一直处于自由发展理念的治理之下,网络空间里,代码即法律,自由被深深地嵌入协议代码之中[3]。但是,随着互联网商业化的加速发展,网络空间与现实世界融合,影响到现实

[1] 郎平 . 网络空间国际秩序的形成机制 [J]. 国际政治科学,2018,3(1):25-54.
[2] 郎平 . 网络空间国际秩序的形成机制 [J]. 国际政治科学,2018,3(1):25-54.
[3] 崔保国 . 网络空间治理模式的争议与博弈 [J]. 新闻与写作,2016(10):23-26.

的文化、经济、社会等多个方面。互联网与公共政策不断碰撞，出现大量连带问题，召唤主权国家介入管理。因此，传统主权国家纷纷强化了对互联网的治理。

两种模式各有优劣。联合国在官方文件中承认了两种模式并存的价值，认同政府在网络安全中扮演着主导作用，也认同利益相关方的重要贡献。

三、网络空间大国的摩擦与博弈

随着网络化信息化的不断深入，中国网信事业快速发展。一方面，国家互联网空间驾驭能力不断增强，《中华人民共和国网络安全法》《国家网络空间安全战略》的颁布开启网络空间治理的元年。另一方面，华为、腾讯、阿里巴巴等中国互联网企业逐步发展壮大走向世界，必然会导致中美两强在网络与经济上的摩擦和纠纷越来越多，美国采取各类措施限制中国互联网企业的发展。

1987 年成立的华为公司，经过 30 多年的发展，成为全球最大的电信网络解决方案供应商。2019 年，华为业务遍布全球 170 多个国家和地区，服务全球 30 多亿人。虽然公司不断发展壮大，但华为在美国市场的发展之路却屡屡受挫。一方面，由于华为对美国政府相关决策机制不够熟悉[1]；另一方面，最为重要的是，美国

[1] 丁丽飞 . 跨国公司与东道国政府关系研究 [D]. 上海外国语大学，2017.

政府意欲限制中国互联网企业在北美的发展。

2008~2010年，华为曾多次尝试收购美国科技企业，均被美国政府以国家安全为由阻拦。2011年，美国政府对国家安全问题的调查扩展至中兴，中兴在赢得Sprint招标后，同样被以国家安全为由拒绝。同年，华为收购美国三叶公司的专利技术，但审查机构要求华为必须放弃。2012年，美国政府以华为、中兴违反美国337条款为由，对华为、中兴发起调查，并禁止美国电信运营商购买华为、中兴等企业的设备。

2018年，全球即将步入5G时代，华为作为5G技术领导者，专利数量全球第一。美国以华为威胁国家安全为借口，号召欧盟、日本、澳大利亚等国家和地区禁止华为参与5G网络建设。同时，美国在各种场合，通过各种卑劣手段，举全国之力设法打压华为。

华为公司的遭遇清晰地表明，互联网企业走出去，并非简简单单的企业行为，而是在网络化和信息化的全球背景下，国与国之间经济、政治的博弈行为。

四、一超多强格局下的中国数字经济

中国在数字经济规模上已经成为仅次于美国的世界第二大经济体[1]。从供应上来看，中国是数字经济技术的主要供给国之

---

[1] 李艺铭.当前中国数字经济发展阶段和核心议题[J].科技中国，2019（5）：63-66.

一，也是技术的主要应用市场之一。从需求上来看，中国市场广阔，发展潜力巨大。

中国信息通信研究院发布的《中国数字经济发展白皮书（2020年）》数据显示，中国数字经济增加值规模已由2005年的2.6万亿元，发展到2019年的35.8万亿元，数字经济在GDP的占比已提升至36.2%，同比增长1.4%，按可比口径计算，2019年我国数字经济名义增长15.6%，高于同期GDP名义增速约7.85%，数字经济在国民经济中的地位进一步凸显。

这说明，总体上我国数字经济规模不断扩大、贡献不断增强。各地方政府在同步积极打造数字经济，将其发展为促进经济增长的新引擎，数字经济发展也初现成效。从占比来看，北京、上海数字经济在地区经济中占据主导地位，数字经济GDP占比已超过50%，广东、浙江、江苏、福建等省数字经济GDP占比超过40%，重庆、湖北、辽宁、河北、广西、四川等省（直辖市）数字经济GDP占比超过30%。

2019年，德国、英国、美国三国数字经济GDP占比分别为63.4%、62.3%、61%，排名前三，数字化程度和数字经济发展相较中国更为成熟。与主要发达国家相比，我国数字经济GDP占比有待进一步提高。

数字电商服务平台

第三节　网络强国战略实施的主要路径

你知道吗？

人类历史上经历了三次产业革命，第一次是千年前的农业革命，第二次是始于18世纪60年代的工业革命。进入21世纪，随着互联网的普及和现代信息技术的日新月异，人类进入了新一轮的信息技术革命。这场全新的信息技术革命和产业革命，正以惊人的力量和速度影响着社会生活的方方面面。

一、网络强国战略实施的现实必要性

（一）信息技术成为21世纪最为伟大的发明，信息技术革命带来生产力质的飞跃

1993年，中国第一条互联网专线开通。2008年，我国网民数量一跃超过美国成为世界第一。2015年，"互联网+"战略上升为国家战略。如今，我们正处于信息技术革命的快速进程当中，网络化与信息化的发展关乎整个国家在国际上的综合竞争力，当今中

国亟须发展核心技术,建设网络强国。

适应社会发展新阶段的需要,习近平的网络强国思想应运而生。2018 年 4 月,在全国网络安全和信息化工作会议上,习近平总书记全面深入阐述了网络强国战略思想,强调从网络基础设施建设、信息通信业新的发展和网络信息安全三个方面建设网络强国的重要性[1]。

(二)网络空间成为国家发展新疆域,成为把握时代主动权的重要资源

谁掌握了互联网,谁就把握住了时代主动权。以互联网为代表的信息技术,不仅提高了人类的生产能力,拓展了人类认知世界的能力,还创造了一个人类赖以生存的全新的生活空间,而且,网络空间无处不在,成为一个与领土、领空、领海等领域并存的新空间,成为人类生存和国家发展的新基础,又成为“国家发展新疆域”与“国家治理新领域”[2]。

网络空间的快速发展,给国家网络治理带来新的挑战,也给国家提出了新的主权难题,各国对“网络空间是否具有国家主权”问题各执己见,成为不同国家对世界网络空间主导权争夺的直接体现。在此背景下,如何让我国网络空间有序合理发展,保障人

[1] 人民日报评论员:坚持网络强国战略思想——一论贯彻习近平总书记全国网信工作会议重要讲话.http://www.gov.cn/xinwen/2018-04/21/content_5284830.htm.

[2] 国家互联网信息办公室:《国家网络空间安全战略》,2016-12-27. http://news.xinhuanet.com/politics/2016-12/27/c_1120196479.htm.

们稳定的社会生活；如何拓展新的网络疆域，打造新的国际网络治理体系，都成为亟须解决的重大问题。

（三）互联网成为经济发展的重要机遇，数字技术正在对世界进行新一轮洗牌

"实现中华民族伟大复兴，就是中华民族近代以来最伟大的梦想"[1]，这是习总书记对伟大的中国梦的阐释。近代工业革命以来，中华民族错过了经济社会发展的重要机遇，为此付出了惨痛的代价，导致中华民族一度积贫积弱，受尽列强欺凌。历史的教训让我们清醒地认识到"落后就要挨打"的道理，想要与世界同进步，中国必须紧跟时代步伐，抓住重要发展机遇。习总书记在网络安全和信息化工作座谈会上的讲话中强调，"这是中华民族的一个重要历史机遇，我们必须牢牢抓住"。当前，我国经济发展进入新常态，由高速发展转变为中高速发展，经济发展进入深水区与攻关期，急切需要各行各业创新发展方式，转换发展新动能。

幸运的是，21 世纪初我国抓住了互联网产业发展机遇，互联网经济迅速崛起，诞生了腾讯、阿里巴巴等一批大型网络企业。之后，我国再次抓住移动互联网新技术的发展机遇，以华为、中兴为代表的一批企业，走在了世界移动互联网事业发展的前沿，成为 5G 的领头羊。如今，信息技术革命和传播技术变革又加快了对世界重新洗牌的速度，ABCDEI5G，即人工智能（AI）、区块链

[1] 汤景泰，林如鹏．论习近平新时代网络强国思想 [J]. 新闻与传播研究，2018，25（1）：5-20+126.

(Blockchain)、云计算(Cloud)、大数据(Data)、边缘计算(Edge)、物联网(IoT)和5G,正在不断创造新的发展机遇。在此背景之下,如何抓住网络技术发展机遇,紧跟数字技术发展潮流,推进中华民族的伟大复兴,正是网络强国建设必须认真思考的重要问题。

二、网络强国战略实施的主要路径

网络强国战略包含了多种思想主张,这些思想主张从具体实施的层面可以从多个维度来予以理解。

(一)技术维度:强调核心技术,激发互联网企业活力

1. 强化核心技术。

工欲善其事,必先利其器。要想建设网络强国,推动网络化与信息化发展,需要拥有趁手、好用的工具,即核心技术。核心技术是国之重器,金钱买不到,市场换不来,核心技术是一个国家所有先进知识的积累,是攻坚克难、自主创新的成果。科学技术是第一生产力,没有网络化信息化的核心技术,建设网络强国就会变为一纸空谈。发展核心技术,需要在三个方向上做出努力。第一,加强科研投入,有投入才会有产出。2019年我国的研发经费投入约为2.21万亿元,我国先后超过了英国、德国、日本,成为仅次于美国的世界上第二大研发经费投入国。而“计算机、通信和其他电子设备制造业”领域成为科研投入最高的

领域。这说明,我国对各行各业,尤其是对互联网行业的科技创新的高度重视。但是,不容忽视的是,相对于GDP而言,我国的科研投入水平仅为中等发达国家科研投入水平,未来有待进一步加强。

第二,加强人才培养。人才是科技创新的第一资源,核心技术的竞争、网络空间的竞争,最终都是人才的竞争,要加强培养网信事业发展所需人才,打造一批技术能力硬、政治素养强的人才队伍。就数量而言,我国在科研人才培养上取得了一定的成功,2013年起,我国研发人员总量首次超过美国,成为世界第一。2018年,按折合全时工作量计算的全国研发人员总数达到419万人,是1991年的6.2倍,连续六年居世界第一。

第三,加强知识产权产出。经过几十年的发展,我国已经发展成为知识产权产出大国。2019年,中国通过《专利合作条约》(PCT)途径提交的专利申请量达到5.899万件,跃居世界第一位。1999年中国提交的专利申请仅276件,2019年飙升至58990件,20年间增长了200倍。在申请的企业中,中国华为公司以4411件连续第三年成为企业申请人第一名,中国广东欧珀移动通信有限公司(1927件)名列第五。在教育机构中,清华大学以265件位列第二,深圳大学(247件)第三、华南理工大学(164件)第五[1]。知识产权是全球经济竞争的关键性要素,它的成功转化创造出的新产品

[1] 世界知识产权组织:2019年中国国际专利申请量全球第一.http://www.xinhuanet.com/2020-04/08/c_1125824962.htm.

能改变人们的生活。虽然我们拥有了大量的知识产权,但也要加强科研成果的转化应用,让知识成果转化为推动经济发展的动力,转化为百姓生活中的便利,科技、经济与社会融合发展才能创造一个良性的生态圈。

2. 激发互联网企业活力。

2020 年,全球市值前 10 的公司中,有 7 家为互联网企业,包括微软、苹果、亚马逊、Alphabet、阿里巴巴、脸书和腾讯。互联网企业成为全球经济发展的重要引擎,也是全球科技的创新工厂。互联网企业是推动网络化信息化的主体,尽管我国互联网发展起步较晚,但企业成长较快、后劲较足。

1995 年,一家名为“瀛海威”的互联网公司成立,被视为我国互联网发展的起步。1998 年,搜狐、腾讯、新浪相继成立,1999 年,阿里巴巴成立,2000 年百度创立,一批互联网企业如雨后春笋般涌现。截至 2020 年 9 月底,我国已有 181 家互联网上市企业。

中国互联网络信息中心发布的第 46 次《中国互联网络发展状况统计报告》显示,截至 2020 年 6 月,我国网络购物用户规模达 7.49 亿,2019 年交易规模达 10.63 万亿元,同比增长 16.5%。数字贸易不断开辟外贸发展的新空间。2019 年,通过海关跨境电子商务管理平台零售进出口商品总额达 1862.1 亿元,增长了 38.3%。数字企业加速赋能产业发展。数字企业通过商业模式创新、加快数字技术应用不断提升供应链数字化水平,为产业转型升级提供了重要支撑。我国互联网行业在逐步由弱变强,互联网企业在世界舞台上也占领了一席之地。

但是不容忽视的是,与美国和日本等发达国家相比,中国互联网企业的创新实力与它们还有一定差距,在关键技术上容易被"卡住脖子",所以要在政策上激发互联网企业创新活力,鼓励互联网企业健康发展,为网络强国的建设提供技术支持。此外,还要积极推动世界范围内互联网企业在技术上的合作。一方面以积极的姿态鼓励互联网企业走出去,做到"国家利益在哪里,信息化就覆盖到哪里"。另一方面,国内企业要携手共进,学习微软、苹果、英特尔、谷歌等企业,发挥协同效应,形成强大的创新合力,推动我国网信事业更进一步发展。

(二)制度维度:健全管理体制,完善法治体系和行业规范

当今世界,网络高度全球化,确定一个国家在互联网空间的主权是一个国家网络治理的前提,将互联网纳入体制管理和依法治理的领域之内,才能保证网络主权不受侵犯,保证国家的网络安全。中国始终坚持和倡导网络主权观,主张不侵害他国网络空间,不损害他国利益。在保证网络主权的前提下,建设网络强国要从管理体制和法治体系两个层面着手。

1. 健全管理体制。

政府部门在网络空间管理中扮演着关键角色,承担的任务包

括制定颁布政策、制定规章制度以及协调纠纷等。之前,在我国互联网管理层面一直存在着“九龙治水”的问题,多个部门共同对互联网领域进行管理,如宣传部、工信部、文化部和公安部等20多个部门[1]。从表面上看,多头管理能够全方位覆盖互联网领域,形成“齐抓共管”的格局,但实际上,职能交叉更容易造成权责不明。特别是2009年微博兴起后,新媒体高歌猛进,原有的治理体系已经不能够适应新的网络环境发展的需要。2011年,国家互联网信息办公室(以下简称“网信办”)成立,网信办的成立是对“九龙治水”模式的调整,改变多部门管理带来的弊病。

2014年,中央网络安全和信息化领导小组正式成立,小组组长由习近平总书记担任,建设网络强国的战略目标被正式提出。仅在半年之后,国务院授权重新组建的国家互联网信息办公室负责全国互联网信息内容管理工作,并负责监督管理执法。各个地方政府也相继成立地方网信办,由此我国便形成了从中央到地方的网络管理系统,我国由此进入网络强国战略阶段。

2. 完善法治体系和行业规范。

依法治国、依法治网是维持互联网空间秩序的长远之计和根本之道。习总书记指出,“互联网不是法外之地,网络空间同现实社会一样,既要提倡自由,也要保持秩序”。不过长期以来,我国网络安全法律体系和相关规范建设比较落后,这集中表现在从互

---

[1] 岳爱武,张尹. 习近平网络强国战略的四重维度论析 [J]. 马克思主义研究,2018(1):55-65.

联网开始兴起到快速发展的20年间并没有一部真正意义上的网络安全法。在2015年7月1日，新的《中华人民共和国国家安全法》获得高票通过后，这才明确了“网络空间主权”的概念。同年8月通过的《中华人民共和国刑法修正案（九）》也明确了网络服务提供者履行信息网络安全管理的义务，加大了对信息网络犯罪的刑罚力度，更加重视公民的个人信息安全，对增加编造和传播虚假信息犯罪设立了明确条文[1]。该修正案在2015年11月正式实施。同年12月，在第二届世界互联网大会上，习近平提出构建网络空间命运共同体，推进全球互联网治理体系变革，向世界发出了网络空间治理规则的中国声音[2]，表明了鲜明有力的中国态度。直到2016年11月，全国人民代表大会常务委员会发布《中华人民共和国网络安全法》，才将之前的政策规定和措施上升为法律，我国网络安全才有了基础性的法律框架，明确了部门、企业、社会组织和个人的权利、义务和责任[3]，使得维护网络空间秩序有了更具体和更具操作意义的法律依据。

[1] 中国网信网．刑法修正案（九）出台了哪些信息网络安全的新规? http://www.cac.gov.cn/2015-09/02/c_1116420857.htm.

[2] 中国网信网．刑法修正案（九）出台了哪些信息网络安全的新规? http://www.cac.gov.cn/2015-09/02/c_1116420857.htm.

[3] 民政部信息中心．关于《网络安全法》的意义和亮点．http://xxzx.mca.gov.cn/article/wlaqf2017/wjjd/201706/20170600891723.shtml.

参考文献

[1] 中共中央党史和文献研究院．习近平关于网络强国论述摘编 [M]. 北京：中央文献出版社，2021.

[2] 习近平．习近平总书记系列重要讲话读本 [M]. 北京：学习出版社，人民出版社，2016.

[3] 陈运红，何霞．巨浪：全球智能化革命机遇 [M]. 北京：电子工业出版社，2016.

[4] 杜品圣，顾建党．面向中国制造 2025 的智造观 [M]. 北京：机械工业出版社，2017.

[5] 魏毅寅，柴旭东．工业互联网：技术与实践 [M]. 北京：电子工业出版社，2017.

[6] 智能科技与产业研究课题组．智能制造未来 [M]. 北京：中国科学技术出版社，2016.

[7] 胥付生，秦关召，陈勇．互联网 + 现代农业 [M]. 北京：中国农业科学技术出版社，2016.

[8] 秦成德，危小波，葛伟．网络个人信息保护研究 [M]. 西安：西安交通大学出版社，2016.

[9] 杜建彬 . 大数据时代互联金融信息安全 [M]. 奎屯:新疆人民出版社,2015.

[10] 李媛 . 大数据时代个人信息保护研究 [M]. 武汉:华中科技大学出版社, 2019.

[11] 张显龙 . 全球视野下的中国信息安全战略 [M]. 北京:清华大学出版社, 2013.

[12]David S.Alberts, John J.Garstka, Richard E.Hayes, et al. Understanding Information Age Warfare[M].Washington D.C : CCRP, 2001.

[13] 胡正荣,关娟娟 . 世界主要媒体的国际传播战略 [M]. 北京:中国传媒大学出版社,2011.

[14] 章晓英,刘滢,卢永春 . 中国媒体微传播国际影响力年度报告(2018)[M]. 北京:社会科学文献出版社,2019.

[15] 吴贤军 . 中国国际话语权构建:理论、现状和路径 [M]. 上海:复旦大学出版社,2017.

[16] 洪京一,工业和信息化部电子科学技术情报研究所 . 世界信息化发展报告(2014—2015)—— 渗透、融合、创新、转型 [M]. 北京: 社会科学文献出版社,2015.

[17] 洪鼎芝 . 信息时代:正在变革的世界 [M]. 北京: 世界知识出版社,2015.

后　记

人类进入 21 世纪以来,数字化技术的突飞猛进、传播科技的日新月异,导致人类社会的信息化进程急剧加速,人类步入了以知识、信息作为生产力发展基本要素和主要资源的知识经济或数字经济时代,数字化的信息存储和传输方式、人类智慧互联互通的数字化经济发展体系和模式,成为当前最为显著的时代特征。

网络化、信息化、数字化作为当今世界最为显著的特征,它在发达国家引领再工业化,在发展中国家则带动城镇化、市场化和农业现代化。运用数字化技术、传播科技建设网络强国,已经成为提升一国综合国力的必由之路。这也是世界各国都竞相发展信息技术和普及互联网,注重网络强国建设,中美两个世界大国全面展开 5G 主导权博弈和高科技竞争的内在动因。可以说,数字化技术和传播科技给当今人类社会带来的发展变革和社会变迁前所未有。而这正是传播学关注的一个重要学术领域:传播科技与社会发展。

人类正在迎接的"第四次工业革命",是继蒸汽技术革命、电力技术革命、计算机及信息技术革命这三次工业革命之后的又一次科技革命。“工业化”和技术进步，是观察和理解世界近代历史的关键：它既是西方国家崛起的关键，也是日本崛起的关键，同样也是中国崛起的关键。工业化的本质，就是以工业文明取代农业文明，它是理解现代文明发展进程的一把钥匙。前三次工业革命均为英美所主导和垄断，使得其主导世界300余年，当然，此间还包括世界政治、经济、文化、语言等多个方面的主导权。

中国在过去三次工业革命中都表现欠佳，第一次未能参加，第二次表现不理想，第三次通过紧跟快跑终于努力赶上互联网大潮，如今在工业上才有了与强国竞争的基础。决定人类未来的第四次工业革命，我们与对手处在同一起跑线上，因此绝不可错失发展机遇。正因如此，美国政府才会忌惮和极力打压中国先进的高新技术，竭力阻止中国向全球产业链的前端发展。如今的中国，已经具有足够的眼界和实力抓住机遇，迎接新一轮信息技术革命的浪潮，推动信息领域的技术变革和创新突破，强化网络化、信息化、数字化对我国经济社会发展的巨大引领作用。

2014年，中共中央首次提出“网络强国”国家发展战略，明确指出没有网络安全就没有国家安全，没有信息化就没有现代化，当今中国亟须聚集人才、发展核心技术，建设好网络强国。这是一次极具前瞻性的国家战略发展规划，对于实现中华民族伟大复兴的中国梦具有巨大的推动作用。

此后，无论是“十三五”规划，还是《中国制造2025》，都明确指出了互联网在现代产业体系中的重要位置,不仅要推动新一代信息技术与制造业的融合发展,还提出了实施“互联网 +”行动计划,加快多领域互联网的融合发展,奠定了互联网在国家发展战略中的重要地位。

因此,这是一个非常值得关注和探索的研究领域,事关民族复兴与中国国运。从导师罗以澄教授手中接过这一选题始,本人就非常乐意展开这一领域的研究与探索。初稿一年多前便已完成,后因杂事、俗务及庚子大疫之影响,一直无暇完善。此次修改,鉴于篇幅要求,在初稿的基础上删减了三分之一。尽管终稿距离最初的写作构想尚有差距,但总算完成了任务。

本书在写作过程中,参考了大量文献,难免有所遗漏,在此一并向作者致以诚挚的谢意！人类知识乃累积提炼而成,没有先行者前方开路,后来者必定寸步难移。如果我们的工作对于维护国家利益和提高国民对信息传播技术之于民族复兴重大意义的社会认知,能有一些意义与价值,也就倍感欣慰了。

书稿写作过程中,得到中央财经大学诸位学生的支持与协助。我的研究生曹阳、聂玥煜、张涵、应笑蓉、孙雅然、吕昱萱,在初稿的完成阶段参与了部分内容的资料收集和文字整理工作,感谢他们的劳动和智慧。

本书的完成,还要感谢我的导师武汉大学罗以澄教授的指导与点拨,以及宁波出版社袁志坚总编辑、陈静主任、杨青青编辑的辛苦与付出,正是因为有了大家的扶持与呵护,本书才得以顺利和读者见面。文章千古事,得失寸心知。鉴于时间和篇幅的限制,以及水平的局限,书中未尽完善之处,敬请方家不吝赐教,请读者批评指正!

祝兴平

2021 年 3 月于北京海淀中央财经大学

图书在版编目（CIP）数据

网络强国与国际竞争力 / 祝兴平著 . — 宁波：宁波出版社，2021.5

（青少年网络素养读本 . 第 2 辑）

ISBN 978-7-5526-4107-3

Ⅰ . ①网 … Ⅱ . ①祝 … Ⅲ . ①计算机网络—素质教育—青少年读物 Ⅳ . ① TP393-49

中国版本图书馆 CIP 数据核字（2020）第 216251 号

丛书策划 袁志坚　　**责任印制** 陈　钰
责任编辑 杨青青　　**封面设计** 连鸿宾
责任校对 徐　敏　　**封面绘画** 陈　燏

青少年网络素养读本 · 第 2 辑
网络强国与国际竞争力
祝兴平　著

出版发行 宁波出版社
地　址 宁波市甬江大道 1 号宁波书城 8 号楼 6 楼　315040
电　话 0574-87279895
网　址 http：//www.nbcbs.com
印　刷 宁波白云印刷有限公司
开　本 880 毫米 ×1230 毫米　1/32
印　张 8　　**插页** 2
字　数 160 千
版　次 2021 年 5 月第 1 版
印　次 2021 年 5 月第 1 次印刷
标准书号 ISBN 978-7-5526-4107-3
定　价 30.00 元

如发现缺页或倒装，影响阅读，请与出版社联系调换　电话：0574-87248279